FORSCHUNGSBERICHTE DES

Nr. 1419

Herausgegeben

im Auftrage des Ministerpräsidenten Dr. Franz Meyers

von Staatssekretär Professor Dr. h. c. Dr. E. h. Leo Brandt

Prof. Dr. phil. Adolf Rose
Dr.-Ing. Hans Paul Hougardy
Dr.-Ing. Albert Klein

Max-Planck-Institut für Eisenforschung Düsseldorf

Der Einfluß der Unterkühlung auf die Kristallisationsformen von voreutektoidisch ausgeschiedenen Phasen und von eutektoidischen Phasengemengen

Springer Fachmedien Wiesbaden GmbH

ISBN 978-3-663-06034-5 ISBN 978-3-663-06947-8 (eBook)
DOI 10.1007/978-3-663-06947-8

Verlags-Nr. 011419

Ursprünglich erschienen bei Westdeutscher Verlag, Köln und Opladen 1964.

Inhalt

A. Ziel der Untersuchung

Der Zerfall des Austenits in der Perlitstufe führt in Abhängigkeit von den Bedingungen für die Umwandlung zu sehr unterschiedlichen Anordnungen von Ferrit und Karbid. Die Ausscheidung dieser Phasen α und Fe_3C ist im Gleichgewicht bestimmt durch das Zustandsschaubild Eisen–Kohlenstoff. Die Abb. 1 gibt schematisch die Verhältnisse am eutektoidischen Punkt wieder. In Legierungen mit weniger als 0,8% C beginnt der Austenitzerfall mit einer voreutektoidischen Ferritausscheidung. Diese Ausscheidung des Ferrits kann ebenso wie die Ausscheidung des voreutektoidischen Karbids in Legierungen mit mehr als 0,8% C in verschiedenen Kristallisationsformen erfolgen [1], u. a. in Form von Nadeln, wie sie Abb. 2 zeigt, deren Bildungsvorgang im Rahmen der Umwandlungskinetik, wie sie ein ZTU-Schaubild beschreibt, bisher nicht geklärt ist.

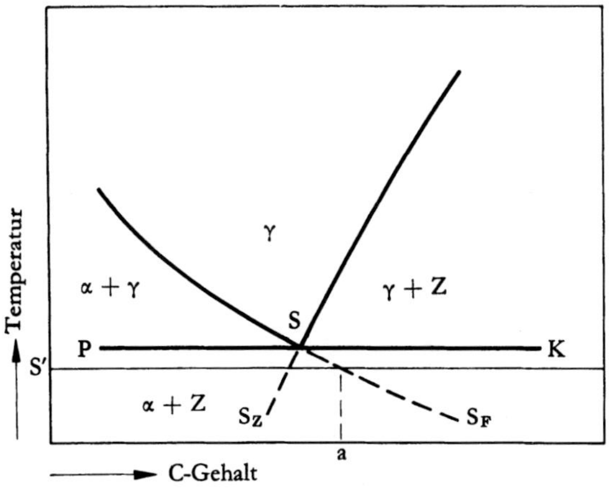

Abb. 1 Ausschnitt aus dem Zustandsschaubild Eisen–Kohlenstoff

Beim Zerfall eines Austenits mit der Konzentration des Punktes S ist der Mischkristall an beiden Phasen Ferrit und Karbid übersättigt, sie scheiden sich *gleichzeitig* aus, im allgemeinen in lamellarer Anordnung in Form des Perlits, Abb. 3. Die entarteten Gefüge in untereutektoidischen Stählen, Abb. 4, sowie die anomalen Gefüge in übereutektoidischen Stählen, Abb. 5, weichen grundsätzlich von dieser Ausscheidungsform ab. In zahlreichen Arbeiten ist versucht worden, die Ursache und die Entstehung dieser Phasenanordnungen zu deuten, ohne daß bisher in allen Fällen eine befriedigende Lösung gefunden werden konnte [2].
Im folgenden soll zusammenfassend über Untersuchungen [66, 67, 68] berichtet werden, die mit dem Ziel durchgeführt wurden, die Bildung besonderer Gefüge

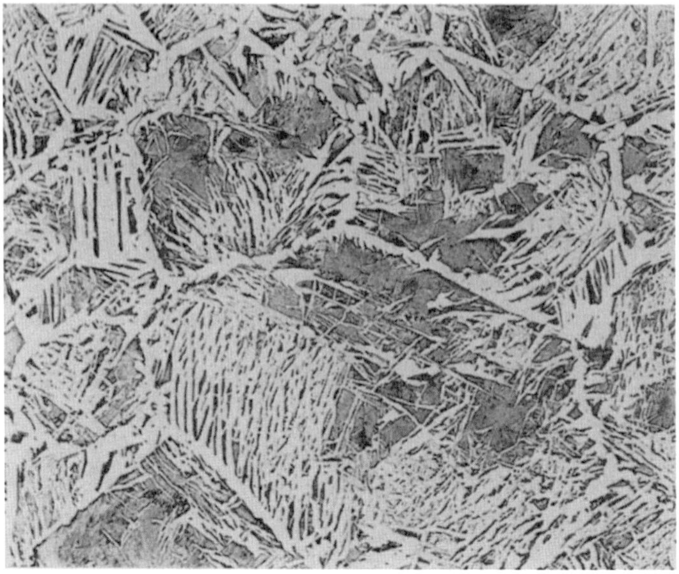

Abb. 2 Ausbildungsformen des voreutektoidischen Ferrits:
Korngrenzenferrit und Ferrit in WIDMANNSTÄTTENscher Anordnung 100:1

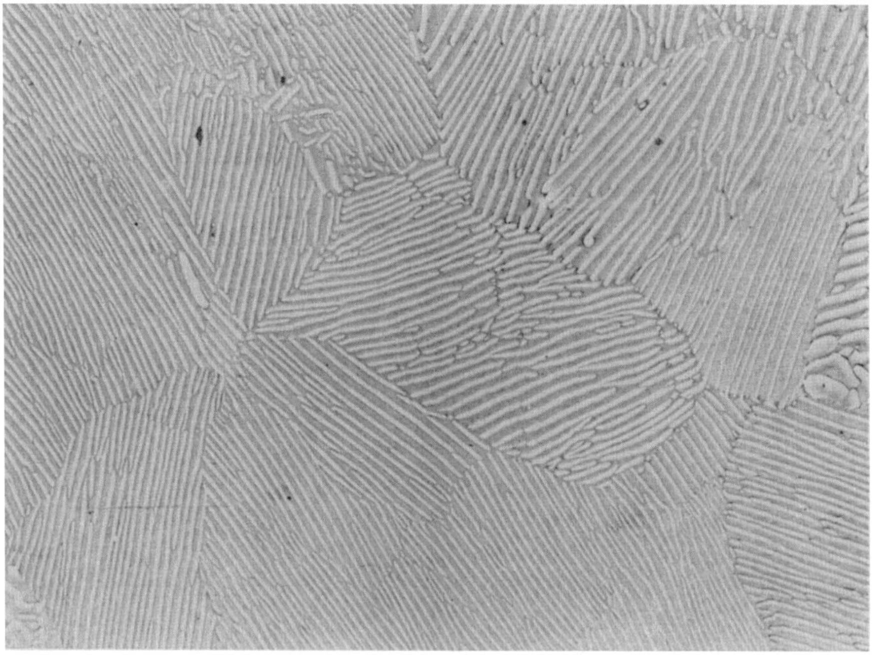

Abb. 3 Lamellarer Perlit Reliefabdruck 5000:1

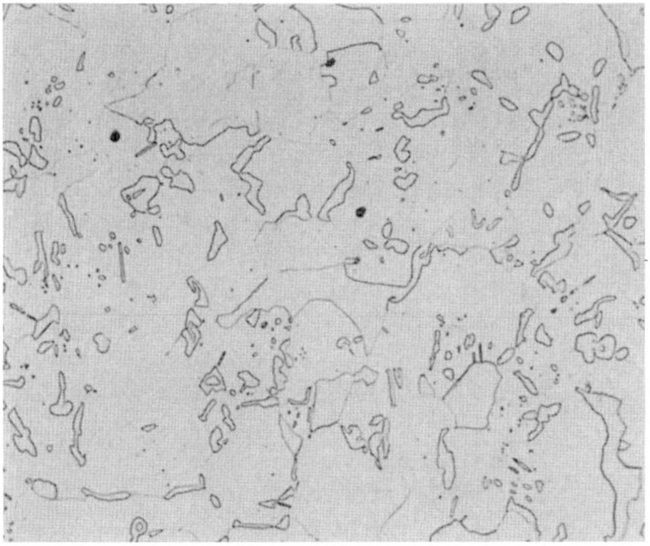

Abb. 4 Entarteter Perlit in einem untereutektoidischen Stahl 500:1

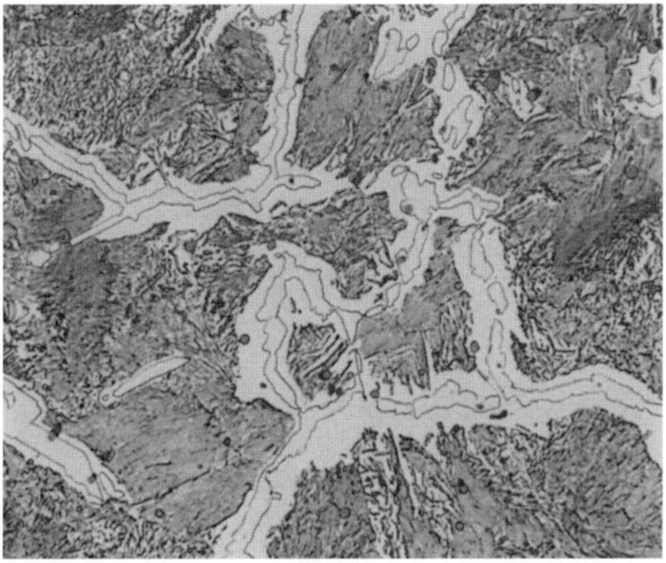

Abb. 5 Anomales Gefüge in einem übereutektoidischen Stahl 200:1

wie die des Ferrits in WIDMANNSTÄTTENscher Anordnung, der anomalen und entarteten Gefüge im Rahmen allgemeiner Vorstellungen über den Umwandlungsablauf in der Perlitstufe aufzuklären. Aus früheren Arbeiten [2, 3] ergab sich bereits der Hinweis, daß die Keimbildungsbedingungen wahrscheinlich von entscheidendem Einfluß auf die Entstehung dieser Gefüge sind. Die Entstehung und die Größe der Keime bei der Kondensation und der Kristallisation aus dem Schmelzfluß sind bereits gut bekannt [4]. Die Keimbildung im festen Zustand – wie bei der Umwandlung von γ-Eisen in α-Eisen – kann dagegen bisher nur in ihrem Ablauf qualitativ beschrieben werden. Zahlen über Verteilung, Größe und Wachstum der Keime können noch nicht errechnet werden, da die hierzu erforderlichen Werte wie die Grenzflächenspannung in submikroskopischen Bereichen sowie die bei der Ausscheidung entstehenden Spannungen nicht bekannt sind [4, 5]. Dennoch ist gerade bei Umwandlungen im festen Zustand, wie z. B. dem Zerfall des Austenits bei Eisenlegierungen, die Keimbildung in noch stärkerem Maße als bei der Kondensation und der Kristallisation aus dem Schmelzfluß entscheidend für die Form und Anordnung der entstehenden Phasen. So unterscheiden sich wenigstens drei Formen der voreutektoidischen Ferritausscheidung durch die Art ihrer Keimbildung [1].

Innerhalb der drei Umwandlungsstufen des Austenits, Perlitstufe, Zwischenstufe und Martensitstufe, ist der Einfluß der Keimbildung auf die Gefügeausbildung in der Perlitstufe, die auch die voreutektoidischen Ausscheidungen umfaßt, am größten. Eine Untersuchung der Umwandlungsvorgänge in der Perlitstufe ließ daher erwarten, daß neben der Klärung der Entstehung der Gefügebesonderheiten auch neue Erkenntnisse über den Einfluß der Keimbildung auf die Gefügeausbildung gewonnen würden.

B. Zerfallsformen des Austenits in der Perlitstufe

I. Der Ferrit in WIDMANNSTÄTTENscher Anordnung

Die Ausscheidungsformen des voreutektoidischen Ferrits sind von DUBÉ, AARONSON und MEHL [1] eingehend dargestellt worden. Sie unterscheiden fünf Arten: Kristalle, deren Wachstumsform durch die Korngrenze bestimmt ist (allotriomorphe Kristalle), von den Korngrenzen ausgehende Ferritnadeln [6], im Korninnern gebildete Ferritnadeln und Kristalle, deren geometrische Form durch die Kristallstruktur hervorgerufen ist (ideomorphe Kristalle), sowie massiven Ferrit, der durch Zusammenwachsen mehrerer Körner entsteht. Die Ausscheidungsformen des Karbids entsprechen denen des Ferrits. Auch ideomorphe Kristalle, die bisher noch nicht häufig beobachtet worden sind, können unter bestimmten Bedingungen auftreten [7]. Sehr stark ausgeprägt und gut bekannt ist dagegen die Ausscheidung von Karbidnadeln im Korninnern [8, 46]. Die Bezeichnung WIDMANNSTÄTTENscher Ferrit geht auf A. v. WIDMANNSTÄTTEN zurück, der 1808 als erster eine Probe eines Meteoriten mit Salpetersäure ätzte. Nach dieser Ätzung erschienen in einer dunklen Grundmasse helle Nadeln, die sich nur unter bestimmten Winkeln kreuzten [9]. BELAIEW bezeichnete diese Phasenanordnung als WIDMANNSTÄTTENsches Gefüge [10]. 1908 gelang es ihm, diese Gefüge im Laboratorium durch Wärmebehandlung kohlenstoffarmer Stähle zu erzeugen [11].

Die in der Folgezeit veröffentlichten Arbeiten über die Entstehung dieses Gefüges kommen meist nicht zu übereinstimmenden Ergebnissen, da die Bildungsbedingungen häufig nicht von denen der Zwischenstufe getrennt werden können [12]. H. HANEMANN und A. SCHRADER [65] gaben in ihrem »Atlas metallographicus« erstmals die Bedingungen an, unter denen der Ferrit in WIDMANNSTÄTTENscher Anordnung auftritt. Nach ihrer Darstellung (vgl. Abb. 6) ist seine Bildung bei üblicher Austenitisierung auf Kohlenstoffgehalte zwischen 0,1 und 0,35% C beschränkt. Durch eine überhitzte Austenitisierung erweitert sich dieser Bereich bis auf etwa 0,5% C (oberes Teilbild). Bei kleinen Abkühlungsgeschwindigkeiten ist die Bildung von WIDMANNSTÄTTEN-Ferrit nach dem unteren Teilbild nicht mehr möglich, nach einer überhöhten Austenitisierung dagegen bei mittleren Kohlenstoffgehalten die einzig mögliche Ausscheidungsform. Der Einfluß der Legierungselemente wurde nicht untersucht.

Unter technischen Bedingungen tritt das WIDMANNSTÄTTENsche Gefüge vorwiegend in der Übergangszone von Schweißnähten an Baustählen auf. Nach Abb. 6 führt die Wärmebehandlung der Übergangszone durch das Schweißen – hohe Austenitisierungstemperatur und hohe Abkühlungsgeschwindigkeit – bei einem Kohlenstoffgehalt von rd. 0,2% zwangsläufig zur Bildung von WIDMANN-

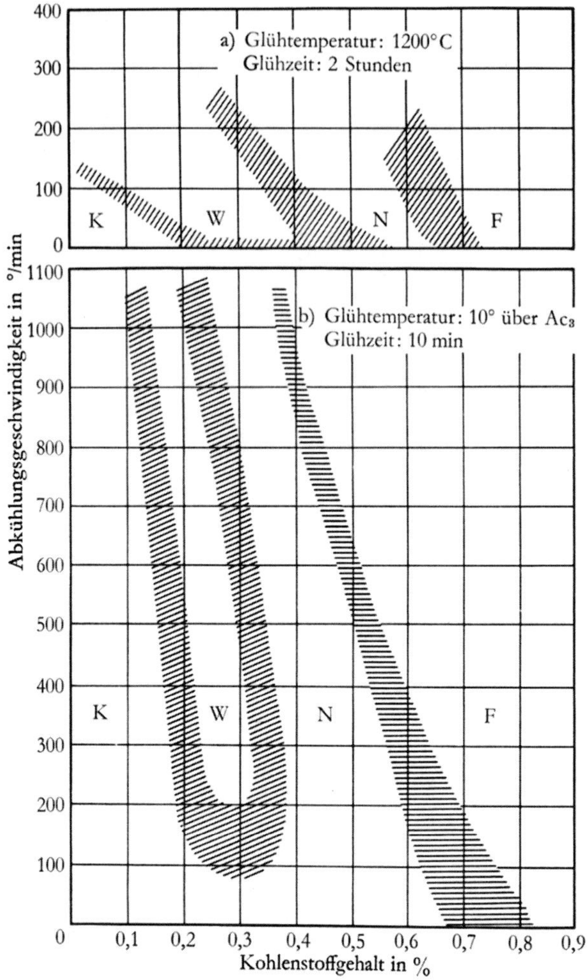

Abb. 6 Formen der Ferritausscheidung in Abhängigkeit von der Wärmebehandlung und dem Kohlenstoffgehalt (nach Hanemann und Schrader [65])
K = körnig W = Widmannstättensche Anordnung
N = Netzwerk F = Ferrit/Perlit

stätten-Ferrit. Diese Gefügeausbildung soll eine höhere Empfindlichkeit der Schweißnaht gegen Schlag- und Stoßbeanspruchung verursachen [13, 14].

Die Vorgänge bei der Bildung des Widmannstätten-Ferrits sind bisher noch wenig untersucht. Mehl und Mitarbeiter stellten in mehreren Arbeiten fest, daß der Orientierungszusammenhang zwischen dem Austenit und dem Ferrit in Widmannstättenscher Anordnung derselbe ist, wie der zwischen Austenit und Zwischenstufe sowie Austenit und Martensit [3, 15]. Dies legt bei dem gleichen äußeren Erscheinungsbild die Vermutung nahe, daß sich die drei Gefüge Martensit, Zwischenstufe und Widmannstätten-Ferrit auf ähnliche Weise, d. h. über einen Umklappvorgang bilden. Unter dieser Annahme lassen sich die Bedingungen für die Entstehung des Ferrits in WIDMANNSTÄTTENscher Anordnung analog zu der des Martensits darstellen. In Abb. 7 sind die freie Enthalpie des austenitischen Mischkristalls G_γ sowie die für ein konstantes Phasengemenge von Austenit und Ferrit $G_{\gamma+\alpha}$ in Abhängigkeit von der Temperatur wiedergegeben. Die beiden Phasen sollen hierbei in einer Anordnung vorliegen, die zu einem Minimum in der Grenzflächenenergie führt. Die Kurven schneiden sich im Punkt L. Stabil ist jeweils die Phasenanordnung mit der kleineren freien Enthalpie, d. h. bei Temperaturen oberhalb von L der Austenit, unterhalb von L die Phasen Ferrit und Austenit. Erfolgt die γ-α-Umwandlung ohne Diffusion in Form eines Umklappvorganges, so muß eine erhebliche Verzerrungsarbeit geleistet werden. Die Kurve $G_{\gamma+\alpha}$ verschiebt sich dadurch zu höheren Enthalpiewerten. Sie schneidet die Gerade G_γ erst bei der Temperatur $L' < L$. Erst von dieser Temperatur an ist die Bildung von WIDMANNSTÄTTEN-Ferrit möglich. Eine Abschätzung der Temperaturdifferenz zwischen L und L' ist unter der vereinfachenden Annahme möglich, daß nur die Umwandlung des bereits an Kohlenstoff verarmten Austenits in Ferrit betrachtet wird. Die gesamte aufzubringende Arbeit A kann nach dem Ansatz von HOUDREMONT und KRISEMENT [16] aufgeteilt werden in eine Grenzflächenarbeit A_G, eine Verzerrungsarbeit A_V und eine kinetische Arbeit A_K. Die Grenzflächenarbeit A_G ist vernachlässigbar klein. Nimmt man an, daß A_K proportional A_V ist, also $A_K = \omega \cdot A_V$, so ist $A = (\omega + 1)\ A_V$. Für die Martensitbildung ergab sich ω zu 5,5. Dieser Wert ist bei der Ausscheidung von WIDMANNSTÄTTEN-Ferrit sicher etwas niedriger, dürfte jedoch in der gleichen Größenordnung liegen, so daß er für eine

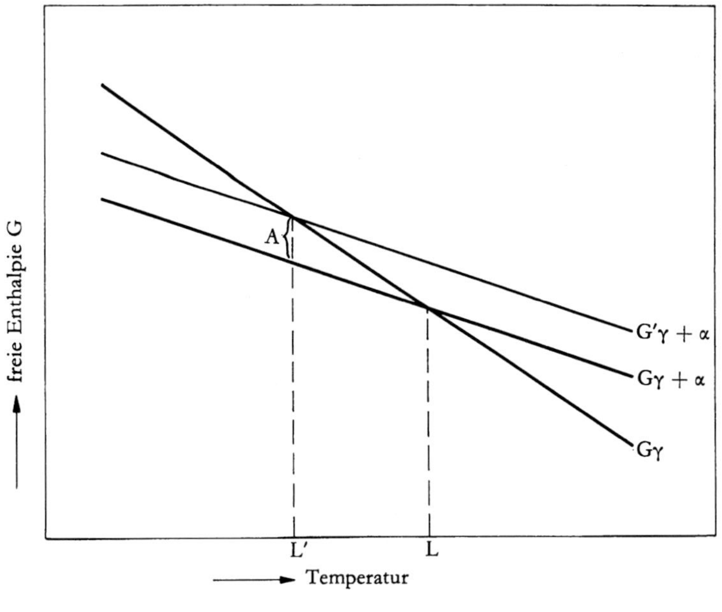

Abb. 7 Temperaturabhängigkeit der freien Enthalpie für verschiedene Phasenanordnungen von Austenit und Ferrit (schematisch)

Abschätzung verwendet werden kann. Für reines Eisen errechneten HOUDREMONT und KRISEMENT für A_V einen Wert von 0,0418 cal/g. Damit ist A = 0,272 cal/g. Diese Arbeit muß bei einer diffusionslosen Ferritbildung aufgebracht werden; die Differenz der freien Enthalpien muß daher $\Delta G_{\gamma \to \alpha} \geqq A$ sein. Mit der Bedingung $\Delta G_{\gamma \to \alpha} = A$ ergibt sich für die Temperaturdifferenz L–L' ein Wert von rd. 50° C. Unter der Annahme, daß sich kein reines Eisen, sondern ein Ferrit mit einem Kohlenstoffgehalt von rd. 0,02% C ausscheidet, erhöht sich diese Differenz auf rd. 70° C. Diese Abschätzung ergibt, daß die Unterkühlung, die zur Bildung von WIDMANNSTÄTTEN-Ferrit erforderlich ist, in der Größenordnung von 60° C liegt.

II. Der Perlit und die entarteten Gefüge

Die heutigen Kenntnisse und Vorstellungen über die Bildung des Perlits gehen im wesentlichen auf die Arbeiten von MEHL und Mitarbeiter [17] zurück. Die lamellare Anordnung der Phasen im Perlit, die als kennzeichnend für den eutektoidischen Zerfall des Austenits bei Stählen angesehen wird, tritt häufig auch bei eutektoidischen und eutektischen Umwandlungen anderer Zweistofflegierungen auf [18]. Sie entsteht durch eine Koppelreaktion, d. h. einen Umwandlungsvorgang, bei dem jede der beiden entstehenden Phasen die andere in ihrer Keimbildung und ihrem Wachstum begünstigt. In Abb. 8 sind schematisch die Bildungsmöglichkeiten des Perlits innerhalb einer Kolonie wiedergegeben [17, 19]. In Richtung A wächst der Perlit unter wechselweiser Ausscheidung von Ferrit- und Zementitlamellen. Bei dieser wechselweisen Keimbildung ist die Keimbildungsgeschwindigkeit größer, als bei einem unabhängigen Wachsen der Phasen [20]. Dies geht schon daraus hervor, daß der Lamellenabstand klein ist gegen den Abstand der einzelnen Perlitkolonien. Besonders deutlich ist das in martensitisch-

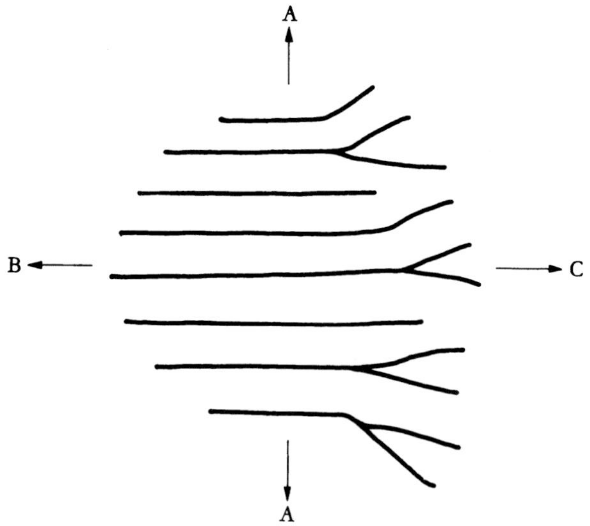

Abb. 8 Bildungsmöglichkeiten des Perlits

perlitischen Gefügen mit »Troostitflecken« zu erkennen. In Richtung B kristallisieren beide Phasen mit einer gemeinsamen Wachstumsfront, wobei der Lamellenabstand etwa konstant bleibt. Hierdurch entsteht vor der Phasengrenze eine mit dem Lamellenabstand sich periodisch wiederholende Konzentrationsverteilung. Der Vorgang kann als stationär betrachtet werden. Unter diesen Annahmen berechnete Wachstumsgeschwindigkeiten des Perlits in Richtung B stimmen gut mit den Meßergebnissen überein [21]. In Richtung C ist ein fächerförmiges Wachsen des Perlits angenommen, wobei der Lamellenabstand von Zeit zu Zeit durch Aufspalten einer Zementitlamelle korrigiert wird [19]. Infolge der kurzen Diffusionswege des Kohlenstoffs bei der Koppelreaktion ist in allen Fällen die Wachstumsgeschwindigkeit größer, als bei einem getrennten Wachsen der Phasen. Die Koppelreaktion der Perlitbildung ist daher infolge der größeren Keimbildungs- *und* Wachstumsgeschwindigkeit gegenüber einer unabhängigen Kristallisation der Phasen bevorzugt. In der Literatur ist noch umstritten, welche der in Abb. 8 dargestellten Bildungsmöglichkeiten des Perlits verwirklicht werden. Die Entstehung der Lamellen einer Perlitkolonie wurde daher durch stufenweises Abpolieren verfolgt. Die Ergebnisse führen zu dem Schluß, daß *alle* in Abb. 8 beschriebenen Wachstumsformen nebeneinander vorkommen können. Die Abb. 9 zeigt Aufnahmen eines Perlitmodells, das nach den Ergebnissen des stufenweisen Abpolierens einer unvollständig in der Perlitstufe umgewandelten Probe gebaut werden konnte. Die Gefügeaufnahmen der einzelnen Schichten wurden auf Glasplatten übertragen, die entsprechend dem Schichtabstand übereinander angeordnet sind. Hierdurch entsteht ein räumlicher Eindruck. Die schwarzen Streifen stellen die Zementitlamellen dar. Die Kolonie ist von Martensit umgeben. Die Phasengrenze des Ferrits gegen den Martensit ist durch die weißen Linien gekennzeichnet. Man erkennt die ungleichmäßige Form der Zementitlamellen, wie sie auch von Rückstandsisolierungen her bekannt ist. Das Modell zeigt ferner, daß die Diffusionsfront vor der Perlitkolonie zumindest in der Größenordnung des Lamellenabstands liegt. An den Stellen, an denen der Ferrit in den Austenit vorwächst (Abb. 9b), sind bereits »Aussparungen« für den nachfolgenden Zementit vorhanden.

In ihren Arbeiten über die Eigenschaften der Einsatzstähle bezeichneten McQuaid und Ehn [22] die in Abb. 5 wiedergegebene Gefügeausbildung in der Randzone aufgekohlter Proben als *anomal*. Die voreutektoidische Zementitausscheidung auf den Austenitkorngrenzen ist von einem Ferritsaum umgeben, an den sich erst zum Korninnern hin Perlit anschließt. Die Abb. 10 zeigt zum Vergleich ein als normal bezeichnetes Gefüge, in dem der Perlit bis an die voreutektoidische Zementitausscheidung heranreicht. McQuaid und Ehn fanden, daß Stähle, die im übereutektoidischen Bereich ein anomales Gefüge haben, bei der Einsatzhärtung zur Weichfleckigkeit neigen. Dies war für den technischen Einsatz der Stähle von Bedeutung und erklärt die zahlreichen Untersuchungen über die anomalen Gefüge, in denen im wesentlichen drei Theorien über die Ursachen dieser Gefügeausbildung aufgestellt wurden: Erstens die Feinkorntheorie, in der als Ursache der Anomalie eine geringe Korngröße angenommen wird [23], zweitens die Oxydtheorie, nach der hohe Sauerstoffgehalte die Anomalie verursachen [24] und

Abb. 9 Modell eines Teiles einer Perlitkolonie
(1 Abschnitt des Maßstabes 1 = μ)
a) Schichten 1 bis 12

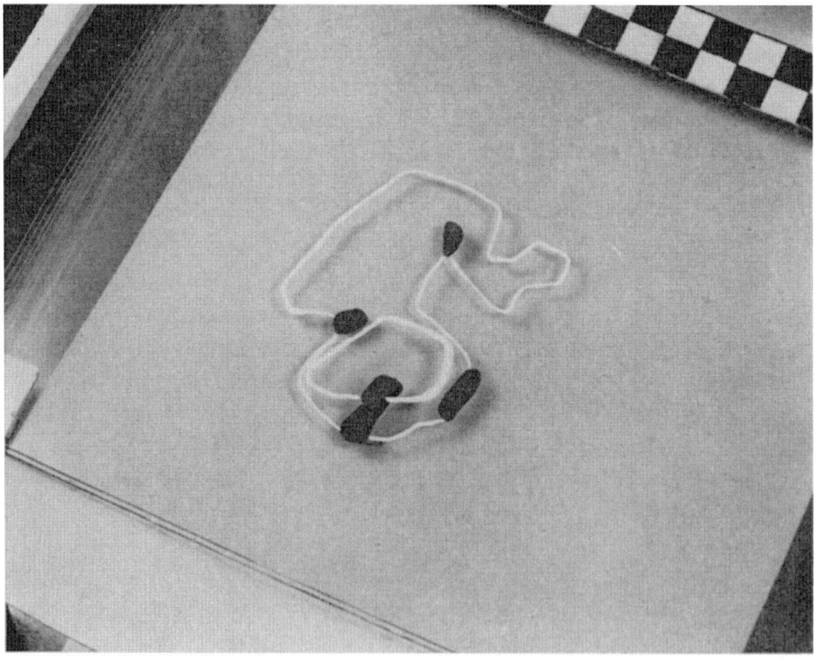

b) Schichten 1 und 2

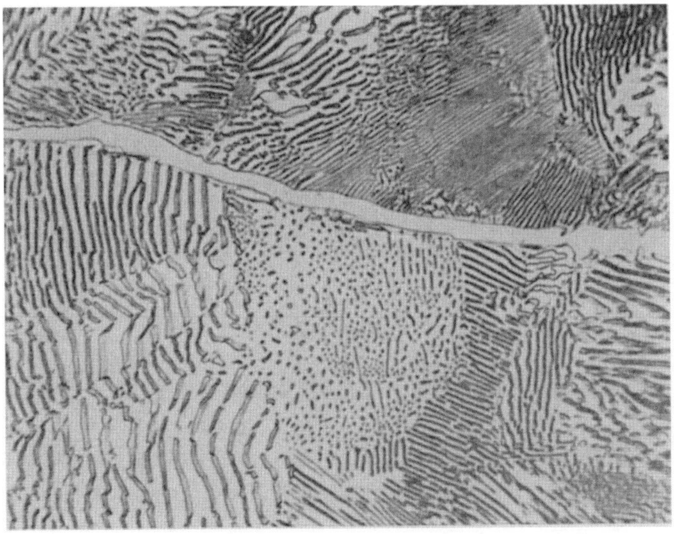

Abb. 10 Normales Gefüge eines übereutektoidischen Stahles 1000:1

drittens die Reinsteisentheorie, nach der reine Eisen-Kohlenstoff-Legierungen stets anomal sind [25]. Diese drei Theorien werden zur Begründung einer Verbesserung der Bedingungen für die Diffusion des Kohlenstoffs herangezogen, da weitgehende Übereinstimmung in der Annahme besteht, daß gegenüber den normalen Stählen die Diffusionsfähigkeit des Kohlenstoffs in den anomalen Stählen größer sein muß. Dies sollte die Ursache für die Koagulation des Zementits in den Korngrenzen sein. Die Messungen der Diffusionskonstanten des Kohlenstoffs im Eisen zeigen jedoch, daß diese Annahme nicht haltbar ist (vgl. Abb. 13). Aus der vor kurzem veröffentlichten Untersuchung von WIESTER, PUSCH und HOFFMANN [2] geht bereits hervor, daß jede der drei Theorien Teilbeobachtungen richtig wiedergibt, die jedoch nur einen *Ausschnitt* aus dem gesamten Erscheinungsbild umfassen und daher nicht als allgemein gültig angesehen und zur Grundlage einer umfassenden Theorie gemacht werden können. WIESTER, PUSCH und HOFFMANN kommen zu der Auffassung, daß die Ursache für die Entstehung des anomalen Gefüges in der Keimbildung zu sehen sei.

Die *Entartung des Perlits* wurde bereits 1905 von ARNOLD und MCWILLIAM als Abweichung von der lamellaren Ausbildungsform beschrieben [26]. In späteren Untersuchungen zeigte es sich, daß in anomalen Stählen im untereutektoidischen Bereich der Perlit vielfach entartet ist [2]. Die Abb. 4 zeigt ein derartiges Gefüge, in dem der eutektoidische Zerfall im wesentlichen durch ein getrenntes Wachsen der Phasen erfolgte. Neben dem voreutektoidischen Ferrit liegt Zementit schnurförmig auf den Ferritkorngrenzen. In weichen Stählen führt dieser Korngrenzenzementit zu einer Verschlechterung der mechanischen Eigenschaften und ist daher unerwünscht [27].

Die eigenen Untersuchungen über die Gefügebesonderheiten der anomalen Gefüge und des entarteten Perlits gingen von folgenden Überlegungen über die *Keim-*

bildungs- und Wachstumsmöglichkeiten des Perlits aus. Im Zustandsschaubild Eisen–Kohlenstoff (vgl. Abb. 1) gibt der Punkt S die Lage des eutektoidischen Punktes an: Ein Austenit dieser Zusammensetzung zerfällt bei dieser Temperatur unter gleichzeitiger Ausscheidung von Ferrit und Zementit. Über die Anordnung dieser Phasen dagegen sagt das Zustandsschaubild grundsätzlich nichts aus. Aus ihm ist lediglich zu entnehmen, daß unterhalb der eutektoidischen Geraden PSK-Ferrit und Zementit miteinander im Gleichgewicht stehen. Thermodynamisch gesehen bedeutet dies, daß die Phasen so angeordnet und zusammengesetzt sein müssen, daß die freie Enthalpie des Gesamtsystems ein Minimum ist. Dies ist nur möglich, wenn die Grenzflächenenergie zwischen den Phasen ebenfalls minimal ist. In Zweiphasengleichgewichten sollte daher von jeder Phase nur ein Kristall vorliegen, die Kristalle sollten sich in einer ebenen Grenzfläche berühren. – Nimmt man an, daß die Verteilung einer Phase in einer Matrix einen Beitrag zur Entropie liefert, so lägen im Gleichgewicht wenige Teilchen der Phase A in einer Matrix der Phase B. – Die Gefügeanordnungen, die sich bei Umwandlungen ergeben, entsprechen im allgemeinen nicht dem Gleichgewichtszustand. Die Umwandlungen laufen vielmehr so ab, daß die Abnahme der freien Enthalpie *je Zeiteinheit* ein Maximum ist [28]. Von allen möglichen Anordnungen entsteht daher die mit der größten Keimbildungs- und Wachstumsgeschwindigkeit. Bei dem eutektoidischen Zerfall des Austenits ist dies unter besonderen Temperatur-Bedingungen die Koppelreaktion der Perlitbildung.

Die Keimbildungswahrscheinlichkeit für die Perlitbildung und ein getrenntes Wachsen der Phasen sind temperaturabhängig. Die Abb. 11 zeigt schematisch die Temperaturabhängigkeit der freien Enthalpie für den austenitischen Mischkristall G_γ und die dem Gleichgewicht entsprechende Anordnung der Phasen Ferrit und

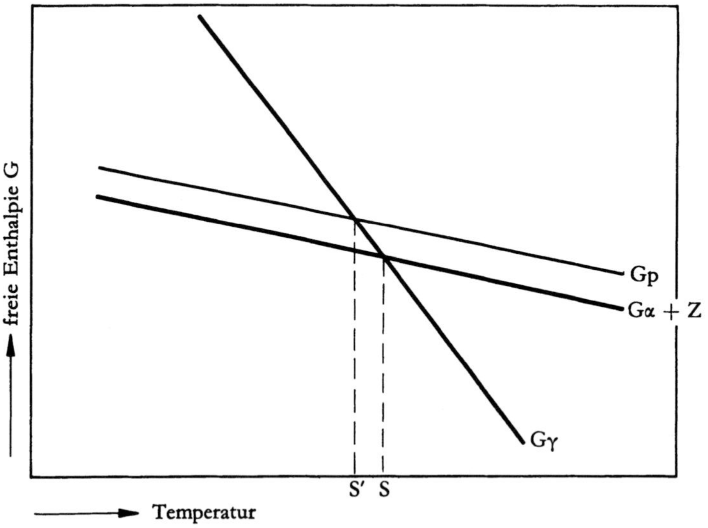

Abb. 11 Temperaturabhängigkeit der freien Enthalpie für verschiedene Phasen und Phasenordnungen in Fe—C-Legierungen

Zementit $G_{\alpha+z}$. Die Kurven schneiden sich bei der Temperatur des eutektoidischen Punktes S. Bei einer Abkühlung des Austenits können sich erst bei Temperaturen unter S Ferrit- oder Zementit-Keime kritischer Größe [4] bilden, die zu sichtbaren Ausscheidungen anwachsen können. Oberhalb der Temperatur S können lediglich Vorstadien zu diesen Keimen entstehen. Weicht die Anordnung der Phasen Ferrit und Zementit von dem Gleichgewichtszustand kleinster Grenzflächenenergie ab, wie z. B. im Perlit, so ist die Kurve der freien Enthalpie G_p gegenüber der Kurve $G_{\alpha+z}$ zu höheren Werten der freien Enthalpie hin verschoben. Das Gleichgewicht mit dem Austenit wird erst bei einer Temperatur S' kleiner S erreicht. Erst von dieser Temperatur an ist die Bildung von Keimen überkritischer Größe möglich, die zu einer *lamellaren* Anordnung von Ferrit und Zementit führen. Aus diesen Überlegungen ergibt sich, daß der Perlit eine metastabile Gefügeanordnung ist – dies beweist bereits die Möglichkeit der Einformung – die erst von einer bestimmten Unterkühlung an entstehen kann. Es ist daher zu erwarten, daß grundsätzlich jeder Stahl bei Umwandlungstemperaturen oberhalb S' ein dem Gleichgewicht besser entsprechendes Gefüge als Perlit bildet. Die Temperaturdifferenz zwischen S und S' liegt nach einer Überschlagsrechnung in der Größenordnung von 1°C. Der Übergang von der Umwandlung zum Gleichgewichtsgefüge zu der Bildung des Perlits wird jedoch nicht sprunghaft, sondern kontinuierlich in einem größeren Temperaturbereich erfolgen. Die Keimbildungswahrscheinlichkeit der Phasen Ferrit und Zementit sei $N_F = N_Z$, die des Perlits N_P. Strenggenommen ist nur bei der Temperatur S $N_F = N_Z$. Bei tieferen Temperaturen ist $N_F \neq N_Z$ entsprechend der Lage der Kurven S_F und S_Z, Abb. 1. Diese Unterschiede können hier aber vernachlässigt werden. Mit sinkender Temperatur steigt N_P an, bis sie bei einer Temperatur $<$ S' gleich N_F wird. Bei dieser Temperatur sind die Perlitbildung und ein getrenntes Wachsen der Phasen *kinetisch* gleichberechtigt. Erst bei tieferen Temperaturen ist die Koppelreaktion bevorzugt. In einem bestimmten Temperaturbereich wird daher der Zerfall des Austenits teilweise durch ein getrenntes Wachsen der Phasen, teilweise über eine Perlitbildung ablaufen.

Die Temperatur, bei der $N_F = N_P$ wird, ist abhängig vom Austenitisierungszustand. Die Werte von N_F *oder* N_Z werden gegenüber N_P vergrößert, d. h., die Keimbildung *einer* der beiden Phasen wird begünstigt durch eine unvollständige Austenitisierung, bei der Ferrit oder Zementit ungelöst zurückbleibt, oder durch eine voreutektoidische Ausscheidung. Wird auf diese Weise erreicht, daß $N_F \gg N_Z$ ist, so wird sich bevorzugt Ferrit ausscheiden, ist $N_F \ll N_Z$, so bildet sich mit Vorrang Zementit. Die Koppelreaktion, die annähernd gleiche Keimbildungs- und Wachstumsgeschwindigkeiten für *beide* Phasen erfordert, ist gestört. In dem Temperaturbereich, in dem die Perlitbildung und das getrennte Wachsen der Phasen nebeneinander ablaufen können, muß daher der Keimzustand des Austenits die Gefügeausbildung beeinflussen.

Die Überlegungen, die oben für reine Eisen–Kohlenstoff-Legierungen dargestellt wurden, gelten grundsätzlich auch für legierte Stähle. Es treten jedoch zusätzliche Abweichungen vom Gleichgewicht auf. Der Gleichgewichtszustand ist erst erreicht, wenn die Phasen neben der oben beschriebenen Form und Verteilung auch die dem Gleichgewicht entsprechende Zusammensetzung haben. In einem homogenen Austenit sind die Legierungselemente gleichmäßig verteilt. Nach dem Austenitzerfall sind sie dagegen in einer der Phasen angereichert. Diese Anreicherung erfordert eine Diffusion der Legierungselemente während der Umwandlung. Unterbleibt diese Diffusion, so entsteht ein metastabiler Zustand, der sich nur bei großen Unterkühlungen bilden kann. Entsprechend Abb. 11 sind in Abb. 12 die Energiezustände für verschiedene Abweichungen vom Gleichgewicht dargestellt.

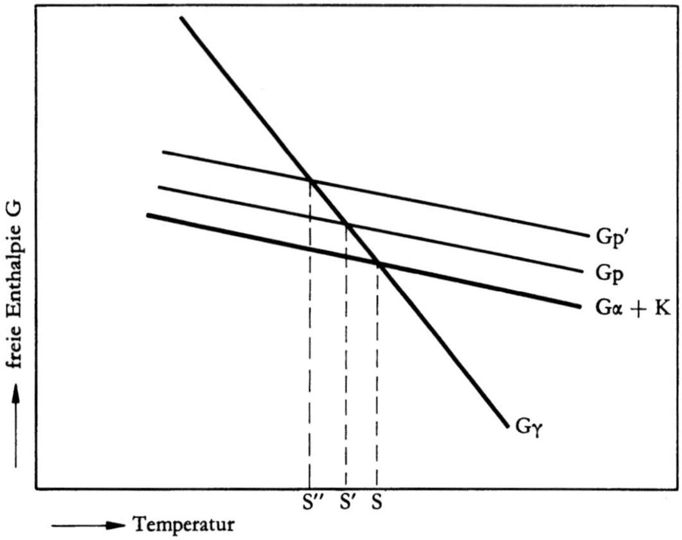

Abb. 12 Temperaturabhängigkeit der freien Enthalpie für verschiedene Phasen und Phasenanordnungen legierter Stähle

Die Kurve G_γ gibt die Temperaturabhängigkeit der freien Enthalpie des γ-Mischkristalls wieder. Die Kurve $G_{\alpha+K}$ gilt für den Gleichgewichtszustand der Phasen Ferrit und Karbid, die Kurve G_P für die Bildung von lamellarem Perlit mit einer dem Gleichgewicht entsprechenden Verteilung der Legierungselemente auf die beiden Phasen, die Kurve G_P', für die Bildung von lamellarem Perlit, in dem die Phasen noch den Legierungsgehalt des Austenits haben. Nach dieser Darstellung *müssen* die Legierungselemente sich im Unterkühlungsbereich von S' bei der Umwandlung entsprechend dem Gleichgewicht auf die neu entstehenden Phasen verteilen. Diese Vorstellung steht in Übereinstimmung mit Literaturangaben, wonach mit abnehmender Unterkühlung der Perlitbildung die Verteilung der Legierungselemente auf Ferrit und Karbid sich immer mehr dem Gleichgewicht nähert [29, 30, 31]. Dies erfordert sehr lange Umwandlungszeiten, da die Diffusionsgeschwindigkeit der Legierungselemente im Eisen in der Größenordnung der Selbstdiffusion des Eisens liegt und damit klein ist gegen die Diffusionsgeschwindigkeit des Kohlenstoffs (vgl. Abb. 13). Bei Unterkühlungen größer S'' ist die Umwandlungsgeschwindigkeit nur bedingt durch die Diffusionsfähigkeit des Kohlenstoffs, da eine Diffusion der Legierungselemente nicht mehr erforderlich ist. Die Temperaturdifferenz zwischen S' und S'' kann zahlenmäßig

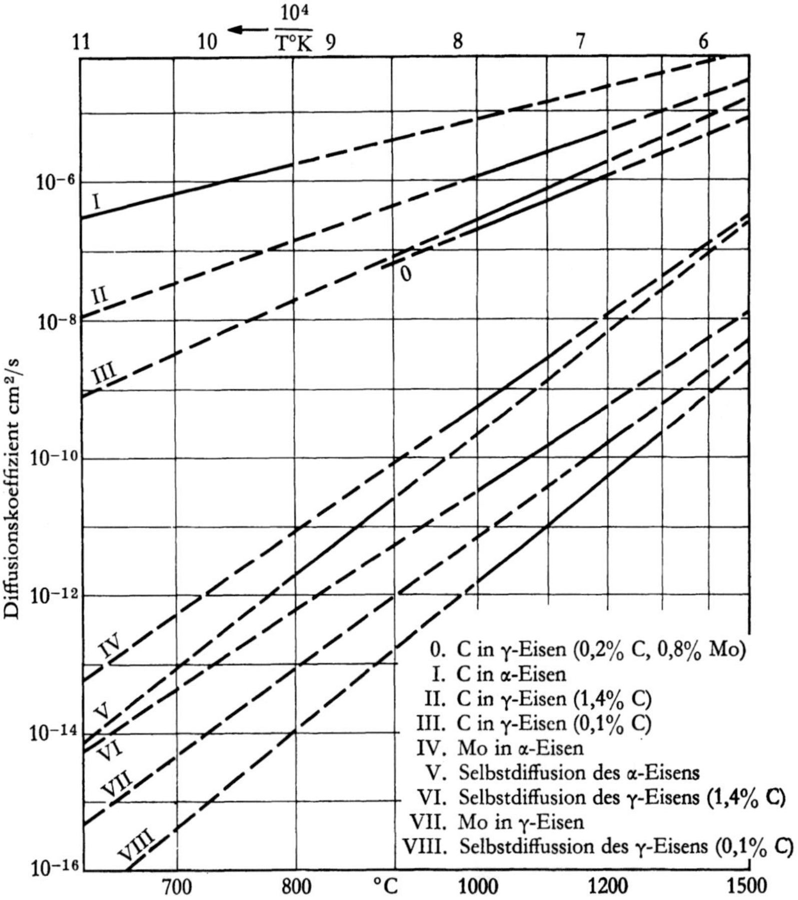

Abb. 13 Konstanten der Selbstdiffusion des Eisens sowie der Diffusion einiger Legierungselemente in Eisen [32–35]

nicht bestimmt werden, da noch keine Angaben über den Gewinn an freier Enthalpie durch die Verteilung der Legierungselemente auf die einzelnen Phasen vorliegen. Die bisherigen Versuchsergebnisse [31] deuten darauf hin, daß mit zunehmender Unterkühlung die Diffusion der Legierungselemente während der Umwandlung schnell abnimmt und erst nach der Bildung des Perlits nachgeholt wird. In Abb. 12 ist daher angenommen, daß der Lamellenabstand der Anordnung G_P gleich dem der Anordnung G_P' ist, um die Darstellung zu vereinfachen.

Infolge ihrer eigenen geringen Diffusionsgeschwindigkeit beeinflussen die Legierungselemente auch die Diffusionsfähigkeit des Kohlenstoffs bei der Umwandlung. Bisher wurde angenommen, daß in legierten Stählen die Diffusionskonstante des Kohlenstoffs kleiner ist als in reinen Eisen–Kohlenstoff-Legierungen, und daher die Umwandlung verzögert werde. Diese einfache Vorstellung ist nicht mehr haltbar [2]. Messungen der Diffusionskonstanten des Kohlenstoffs haben ergeben, daß die Legierungselemente in den in Stählen üblichen Gehalten die Diffusionskonstante des Kohlenstoffs nicht verändern mit Ausnahme von Molybdän und Wolfram. In Tab. 1 und Abb. 13 sind einige Ergebnisse zusammengestellt. Aus Abb. 13 geht z. B. hervor, daß der meßbare Einfluß von Molybdän kleiner ist als die Änderung der Diffusionskonstanten des Kohlenstoffs mit der Konzentration. Die Legierungselemente beeinflussen das Umwandlungsverhalten vielmehr über ihren Einfluß auf das chemische Potential des Kohlenstoffs. Diffusionsversuche haben ergeben, daß der Kohlenstoff nicht entsprechend dem Konzentrationsgefälle, sondern entsprechend dem Gefälle des chemischen Potentials diffundiert [42]. Im folgenden sollen diese Vorgänge der Einfachheit halber durch den Einfluß der Legierungselemente auf die Aktivität des Kohlenstoffs beschrieben werden. Die Aktivität des Kohlenstoffs wird durch die Legierungselemente verändert. Durch Elemente wie Mangan, Chrom und Molybdän wird sie gesenkt, durch Elemente wie Nickel, Silizium und Kobalt wird sie erhöht [43]. Liegt innerhalb eines Stahls ein Konzentrationsgefälle eines Legierungselements vor, so führt dies – auch bei gleichmäßiger Ausgangsverteilung des Kohlenstoffs – zu einem Aktivitätsgefälle und damit zu einer Diffusion des Kohlenstoffs. Es ist daher zu unterscheiden zwischen dem Einfluß der Legierungslemente auf die Diffusion des Kohlenstoffs bei gleichmäßiger Konzentration und bei einem Konzentrationsgefälle der Legierungselemente [44], wie es bei Seigerungen vorliegt [45] und bei den Umwandlungen im Unterkühlungsbereich zwischen S und S″ entsteht. So muß bei der Karbidbildung in einem Siliziumstahl das Silizium aus dem Karbid heraus in den Austenit wandern. Es entsteht daher vor dem Karbid eine erhöhte Siliziumkonzentration, die die Aktivität des Kohlenstoffs erhöht. Damit wird der Aktivitätsgradient des Kohlenstoffs vom Austenit zum Karbid hin kleiner und damit die Diffusionsgeschwindigkeit gesenkt. Die Karbid-

Tab. 1 Konzentrationen, bis zu denen die Legierungselemente noch keinen Einfluß auf die Diffusionskonstante des Kohlenstoffs im Eisen haben
(Aus den Untersuchungen geht nicht hervor, ob bei höheren Konzentrationen ein Einfluß vorliegt)

Legierungs-element	Austenit		Ferrit	
	Gew.-%	Lit.	Gew.-%	Lit.
Mn	14	36	0,5	40
Cr	n. b.	37	0,5	40
Mo	n. b.	32	0,9	40
V	n. b.	–	0,5	40
Si	3	36, 33	0,25	34
Ni	2	38	0,5	40
Cr	n. b.	41, 37, 39	0,38	34
Cu	0,13	38		
B	0,009	33		
P	0,039	38		
S	0,036	38		
N	0,005	38		
O	0,19	38		

ausscheidung erfolgt langsamer als in reinen Eisen–Kohlenstoff-Legierungen [46]. Elemente, die die Aktivität des Kohlenstoffs senken, wandern in das Karbid ein. Damit verarmt der Austenit in der Umgebung des Karbids an Legierungselementen; die Aktivität des Kohlenstoffs im Austenit wird dadurch gegenüber dem Ausgangszustand erhöht. Die Wirkung auf die Diffusionsgeschwindigkeit ist die gleiche wie oben beschrieben. Erfolgt die Umwandlung ohne Diffusion der Legierungselemente, also bei Unterkühlungen größer als S'', so ist ebenfalls, wenn auch in geringerem Maße, ein Einfluß auf die Diffusionsgeschwindigkeit des Kohlenstoffs zu erwarten. Bei Legierungselementen, die die Aktivität des Kohlenstoffs erhöhen, wie Silizium, ist das Karbid, wenn das Silizium bei der Umwandlung nicht diffundiert, bei seiner Bildung an Silizium übersättigt, die Aktivität des Kohlenstoffs dementsprechend gegenüber dem Gleichgewichtszustand erhöht, wodurch wieder die Diffusionsgeschwindigkeit gesenkt wird. Bei Elementen, die die Aktivität des Kohlenstoffs senken, ist der Austenit an Legierungselementen übersättigt, die Aktivität des Kohlenstoffs niedriger als dem Gleichgewicht entspricht und damit auch der Aktivitätsgradient zum Karbid hin geringer als in reinen Eisen–Kohlenstoff-Legierungen. Die Umwandlung wird verzögert. Diese dargestellte Verzögerung der Kohlenstoffdiffusion durch die Legierungselemente beschränkt sich auf die Phasengrenze des Austenits zu den Umwandlungsgefügen, eine Vorstellung, die in Übereinstimmung mit den Ergebnissen neuerer Arbeiten steht, in denen den Legierungselementen ein Einfluß auf die Vorgänge an der Grenzfläche des Austenits zu den Umwandlungsprodukten zugeschrieben wird, was sich zwangsläufig aus den Versuchsergebnissen ergibt [30, 47].

Entsprechend der obigen Darstellung ist auch ein Einfluß der Legierungselemente auf die Keimbildungsgeschwindigkeit zu erwarten. Die Vorgänge bei der Bildung der Keime, vor allem ihre Zusammensetzung sind jedoch noch zu wenig bekannt, um Näheres über ihre Entstehung aussagen zu können.

Gemessen wurde die Keimbildungsgeschwindigkeit bisher nur für wenige Elemente und Umwandlungstemperaturen. Bei einer Umwandlungstemperatur von 650° C wird in untereutektoidischen Stählen die Keimbildungsgeschwindigkeit je Korngrenzenflächeneinheit ausgedrückt als $\frac{\text{Keime}}{\text{mm}^2 \cdot \text{s}}$ durch Mangan bis zu 1 Atom-% nur geringfügig verringert, durch Nickel bei 1,6 Atom-% um rd. 1 Zehnerpotenz, durch Molybdän bei 0,2 Atom-% um rd. 2 Zehnerpotenzen herabgesetzt. Durch Bor wird nur die Anlaufzeit der Keimbildung vergrößert. Kobalt ist das einzige bisher bekannte Element, das die Keimbildungsgeschwindigkeit vergrößert. Diese Ergebnisse sind nur mit Einschränkung auf andere Legierungen übertragbar, da neben der Austenitisierung auch die Erschmelzungsart die Keimbildung beeinflußt [41, 48, 49, 50].

Der in der Keimbildungs- und Wachstumsgeschwindigkeit zum Ausdruck kommende Einfluß der Legierungselemente auf das Umwandlungsverhalten ist neben ihrem Einfluß auf die Grenzflächenspannung und die freie Enthalpie der Umwandlung vor allem auf die oben beschriebene Beeinflussung der Kinetik über die Aktivität des Kohlenstoffs zurückzuführen.

C. Versuchsdurchführung

I. Legierungsauswahl und Wärmebehandlung

Die oben dargelegten Vorstellungen über die Ausscheidung des voreutektoidischen Ferrits in WIDMANNSTÄTTENscher Anordnung und die Entartung der Gefüge sollen im folgenden durch Versuche überprüft werden.
Die Untersuchung der Ausscheidung des Ferrits in WIDMANNSTÄTTENscher Anordnung sollte neben der Ermittlung des Bildungsvorganges dieser Gefüge auch Aussagen über ihren Einfluß auf die Schweißbarkeit von Baustählen ergeben. Im Gegensatz zu der Untersuchung der Gefügeentartung wurden daher als Versuchsmaterial baustahlähnliche Legierungen benutzt und die Gefügeausbildung nach kontinuierlicher Abkühlung bestimmt. Zu zwei vorhandenen Stählen St 52 (19 Mn 5, Stähle 8 und 9 in Tab. 2) wurden in einem basischen 300 kg Hochfrequenzofen vier Legierungsreihen erschmolzen. In jeder Reihe wurde der Einsatz von 150 kg mit der Richtanalyse von 0,2% C, 0,4% Mn und 0,15% Si in drei Stufen zu je 50 kg mit jeweils zunehmendem Gehalt an einem Legierungselement abgegossen. Auf diese Weise wurde, ausgehend von der Richtanalyse, der Chromgehalt zwischen 0,7 und 1,5%, der Siliziumgehalt zwischen 0,7 und 2,2%, der Molybdängehalt zwischen 0,8 und 2,0% und der Mangangehalt zwischen 0,5 und 1,6% geändert. Die Auswahl der Legierungselemente ergab sich aus den üblichen Analysen technischer Baustähle. Die chemische Zusammensetzung der Legierungen ist in Tab. 2 angegeben. Die 50 kg Blöcke wurden bei 1200–900° C auf 20 und 30 Vierkant ausgeschmiedet. Die Stangen wurden 30 min bei den in Tab. 2 angegebenen Temperaturen normalgeglüht. Dieser Zustand ist Ausgangszustand für alle nachfolgenden Wärmebehandlungen. Die Ausbildungsform der voreutektoidischen Ferritausscheidung wurde zusätzlich an reinen Dreistofflegierungen untersucht (Stähle 14 bis 16).
Für die grundlegenden Untersuchungen über den Einfluß der Wärmebehandlung auf die Gefügeentartung wurden reine Eisen–Kohlenstoff-Legierungen gewählt, um zu möglichst einfachen Aussagen zu gelangen. Der Einfluß des Kohlenstoffgehaltes wurde im Bereich von 0,3 bis 1,5% C untersucht.
Der Einfluß der Legierungselemente wurde nur in Stichproben an Dreistofflegierungen Fe—C—X überprüft um festzustellen, ob ein Unterschied in dem Ablauf der Umwandlung legierter und unlegierter Stähle besteht und die Legierungselemente sich in ihrem Einfluß auf die Gefügeausbildung grundlegend unterscheiden. Die Auswahl beschränkt sich daher auf Legierungselemente, die in ihrem Einfluß auf die Umwandlungsvorgänge kennzeichnende Unterschiede aufweisen. Die Legierungsgehalte sollten zwischen 1 und 1,5 Mol-% liegen, um eine merkliche Auswirkung zu erhalten. Als Legierungen mit Elementen, die sich im

Tab. 2 Zusammensetzung und kennzeichnende Daten der Stahllegierungen

Stahl Nr.	Analyse								Umwandlungspunkte		Normalglühtemperatur
	C [%]	Si [%]	Mn [%]	P [%]	S [%]	Cr [%]	Mo [%]	Al [%]	Ac_1 [°C]	Ac_3 [°C]	[°C]
1	0,19	0,15	0,46	0,021	0,012	0,74	n.b.	< 0,005	730	830	880
2	0,19	0,12	0,49	0,025	0,009	1,10	n.b.	< 0,005	732	825	870
3	0,19	0,09	0,50	0,027	0,008	1,52	n.b.	< 0,005	756	827	880
4	0,17	0,68	0,47	0,026	0,019	n.b.	n.b.	< 0,005	735	877	930
5	0,17	1,46	0,45	0,021	0,020	n.b.	n.b.	0,005	753	925	970
6	0,16	2,26	0,45	0,020	0,018	n.b.	n.b.	0,005	767	1000	1050
7	0,14	0,12	0,54	0,058	0,021	n.b.	n.b.	< 0,005	725	865	910
8	0,23	0,45	1,32	0,029	0,022	0,05	n.b.	0,001	725	850	900
9	0,25	0,38	1,63	n.b.	n.b.	n.b.	n.b.	0,075	725	845	900
10	0,20	0,12	0,39	0,010	0,009	n.b.	0,83	< 0,005	730	850	900
11	0,20	0,16	0,48	0,012	0,010	n.b.	1,50	0,005	735	865	920
12	0,20	0,13	0,46	0,014	0,010	n.b.	2,03	0,005	735	880	930
13	0,17	0,51	1,39	0,025	0,024	n.b.	n.b.	0,069	n.b.	865	–
14	0,45	0,89	< 0,1	< 0,01	< 0,05	< 0,1	< 0,1	n.b.	n.b.	n.b.	–
15	0,57	< 0,1	< 0,1	< 0,01	< 0,05	< 0,1	< 0,1	0,03	n.b.	n.b.	–
16	0,45	0,26	0,59	n.b.	n.b.	n.b.	n.b.	n.b.	n.b.	n.b.	–

Ferrit anreichern, wurden erschmolzen: ein Stahl mit 4–5% Nickel im Anschluß an frühere Untersuchungen, die ein anomales Gefüge ergaben [51], sowie Stähle mit Silizium, das die normale Gefügeausbildung begünstigt [2] und zugleich ständiger Stahlbegleiter ist. Eine aluminiumhaltige Legierung ergab sich aus der Reduktion von Aluminium aus einem Al_2O_3-Tiegel. Ferner wurden Kobalt als einziges Legierungselement, das die Umwandlung in der Perlitstufe beschleunigt [41], und Bor als Beispiel für ein Spurenelement in die Untersuchung einbezogen. Der Borgehalt wurde so gewählt, daß die Sättigungsgrenze des Mischkristalls erreicht wird, da nicht bekannt ist, ob die in der Literatur angegebenen, wesentlich kleineren wirksamsten Gehalte auch für die vorliegende Schmelzführung und reine Legierungen gelten [50, 52]. Von den Legierungselementen, die sich in den Karbiden anreichern, wurden Mangan, Molybdän und Chrom ausgesucht. Mangan ist das Legierungselement, das die Anomalie am stärksten unterdrückt [2]. Es wurde daher eine Legierung mit 3% Mn als normaler Vergleichsstahl ausgewählt. Der Stahl mit 1% Cr soll nach Literaturhinweisen zur Anomalie neigen [53]. Von den karbidbildenden Elementen ist nur von Molybdän bekannt, daß es die Anomalie begünstigt. Sein Legierungsgehalt mußte jedoch auf rd. 0,5% beschränkt werden, um die Bildung von Sonderkarbiden zu vermeiden [49]. Der vielumstrittene Einfluß des Sauerstoffs auf die Anomalie wurde an Stählen mit extremen Sauerstoffgehalten von rd. 0,001 und 0,2% untersucht. Zu dem Einfluß von Wasserstoff wurden ebenfalls einige Stichversuche gemacht.

Diese Auswahl umfaßt zugleich die Elemente, die den größten und kleinsten Verteilungskoeffizienten zwischen Ferrit und Karbid haben [31] und zugleich unter den üblichen Legierungselementen der Stähle den größten Einfluß auf die Aktivität des Kohlenstoffs besitzen [43]. Ferner sind in beiden Gruppen Elemente, die das γ-Gebiet erweitern (Nickel und Mangan) und die das γ-Gebiet stark abschnüren (Silizium und Chrom). Die Auswahl umfaßt somit je ein Element aus den wichtigsten Einflußgruppen und ließ erwarten, daß die Untersuchung dieser Stähle einen Überblick über den Einfluß der Legierungselemente auf das Umwandlungsverhalten in der Perlitstufe geben würde.

Alle Stähle wurden in einem Vakuumofen [45] erschmolzen, um die Gasgehalte so niedrig wie möglich zu halten. Die Legierungen wurden sofort mit dem gewünschten Kohlenstoffgehalt erschmolzen und nicht im festen Zustand aufgekohlt, um einen möglichen Einfluß der Trägergase bei der Aufkohlung auszuschalten. Als Ausgangsmaterial dienten schwedische Rohschienen mit 0,001% Si, 0,0015% Mn, 0,003% Al, 0,005% P, 0,011% S, 0,007% Cu und 0,18% O. Zur Legierung wurden Spektralkohle und jeweils die reinen Legierungselemente verwendet. Die Tiegel bestanden aus MgO, Al_2O_3 oder technischem Kalk. In den Tab. 3 und 4 sind die Analysen der erschmolzenen Legierungen, das Tiegelmaterial und die Art der Erstarrung – im Tiegel mit einer Abkühlungsgeschwindigkeit von rd. 10° C/min bei 1500° C und in einer wassergekühlten Kupferkokille mit rd. 6000° C/min bei 1500° C – angegeben. Die Schmelzen 17 und 18 wurden in verschiedenen Gasgemischen aufgekohlt, um die Wirkung der Kohlungsmittel sowie die des Sauerstoffs zu prüfen. Für die Durchführung der Aufkohlung in einer technischen Anlage danken wir der Firma INDUGAS Essen. Die Analysen der Stähle *nach* der

Tab. 3 Zusammensetzung und kennzeichnende Daten der reinen Eisen–Kohlenstoff-Legierungen

Stahl Nr.	Analyse		Erschmelzung		Umwandlungspunkt		Austenitisierungstemperatur	
	C [%]	O [%]	Tiegel	Erstarrung	Ac_1 [°C]	Ac_3 bzw. Ac_{cm} [°C]	untere* [°C]	obere [°C]
17	0,001	0,172	MgO	Tiegel	910	920	1030	–
18	0,33	0,001	MgO	Tiegel	735	815	870	1300
19	0,50	n.b.	MgO	Kokille	740	770	850	1300
20	0,54	0,002	MgO	Kokille	n.b.	n.b.	850	–
21	0,78	n.b.	CaO	Tiegel	n.b.	n.b.	850	1200
22	0,95	0,001	MgO	Kokille	735	840	910	1200
23	1,12	0,001	MgO	Kokille	735	890	950	1200
24	1,29	n.b.	MgO	Kokille	735	930	970	1200
25	1,36	0,001	MgO	Tiegel	n.b.	n.b.	980	1100
26	1,52	n.b.	MgO	Tiegel	735	1000	1040	1100

* Berechnet nach Gleichung 1. Soweit die Ac-Punkte nicht vorlagen, wurden sie durch Interpolation ermittelt.

Tab. 4 Zusammensetzung und kennzeichnende Daten der aufgekohlten Legierungen sowie der Dreistoff-Legierungen

Stahl Nr.	Analyse				Erschmelzung		Umwandlungspunkte			Austenitisierungs-temperatur		Berichtigter C-Geh.
	C [%]	O [%]	Legierungs-element [%]		Tiegel	Erstarrung	Ac_{1b} [°C]	Ac_{1e} [°C]	Ac_{cm} [°C]	niedrige* [°C]	hohe [°C]	[%]
27	0,76	0,002	4,49	Ni	MgO	Kokille	670	n.b.	720	830	–	0,89
28	0,94	0,001	3,85	Ni	MgO	Kokille	680	700	880	930	1200	1,05
29	0,95	n.b.	0,35	Si	MgO	Kokille	745	760	880	950	1200	1,0
30	1,16	n.b.	1,14	Si	MgO	Kokille	770	780	910	970	1200	1,3
31	1,17	n.b.	0,38	Al	Al_2O_3	Tiegel	745	750	910	960	1200	–
32	1,08	n.b.	0,38	Mo	MgO	Kokille	735	755	890	950	1200	–
33	1,03	n.b.	1,33	Cr	MgO	Kokille	740	770	955	1010	1200	1,26
34	1,01	0,002	3,04	Mn	MgO	Kokille	710	735	890	950	1200	1,1
35	1,20	n.b.	1,56	Co	MgO	Tiegel	745	755	965	1010	1200	–
36	1,56	n.b.	1,23	Co	MgO	Tiegel	745	755	1005	1040	1100	–
37	1,11	n.b.	0,0052	B	MgO	Tiegel	735	745	> 830	950	1200	–
38	1,61	n.b.	0,0071	B	MgO	Tiegel	735	745	995	1030	1100	–
17/1	1,10	0,171	–		aufgekohlt**		730	735	850	970	1200	–
18/1	1,07	0,002	–		aufgekohlt**		730	740	860	920	1200	–
17/2	1,17	n.b.	–		aufgekohlt**		n.b.	n.b.	n.b.	920	1200	–
18/2	1,17	n.b.	–		aufgekohlt**		n.b.	n.b.	n.b.	920	1200	–
17/3	1,25	0,171	–		aufgekohlt**		n.b.	n.b.	n.b.	920	1200	–
18/3	1,28	0,002	–		aufgekohlt**		730	740	860	920	1200	–

* Berechnet nach Gleichung 1. Soweit die Ac-Punkte nicht vorlagen, wurden die Temperaturen durch Interpolation ermittelt.
** Als Kohlungsgas wurden verwendet: H_2/CO (Kennzahl 1); H_2/CH_4 (Kennzahl 2) und CO/CO_2 (Kennzahl 3).

Aufkohlung sind in Tab. 4 unter den Nr. 17/1 bis 18/3 aufgeführt. Die Bezeichnung der Kohlungsgase ist als Kennzahl an die Stahlnummer angefügt. Ausgangszustand für die Wärmebehandlung war der Gußzustand. Bei allen Schmelzen waren Seigerungen der Legierungselemente zu erkennen [45]. Es war zu erwarten, daß diese Seigerungen durch eine Diffusionsglühung nur unvollständig zu beseitigen sind. Sie wurden daher als kennzeichnende Einflußgröße der Legierungselemente bei der Untersuchung bewertet und eine Diffusionsglühung nicht durchgeführt. Die Versuchsergebnisse sind Mittelwerte über alle Seigerungen. Nach unseren Überlegungen ist die Koppelreaktion der Perlitbildung erst von einer bestimmten Unterkühlung unter A_1 an möglich. Die Versuche wurden daher vorwiegend bei definierter Unterkühlung, d. h. isothermisch durchgeführt. Die Austenitisierung der Proben sowohl für die Untersuchung des Nadelferrits als auch der entarteten Gefüge erfolgte unter Schutzgas in elektrisch beheizten Öfen. Für die isothermische Umwandlung wurden Salzbäder verwendet. Hierdurch war bei der gewählten Probengröße von rd. $2 \times 15 \times 15$ mm ein schneller Temperaturabfall auf die Umwandlungstemperatur gewährleistet. Die Proben konnten nicht dünner ausgeführt werden, da bei den hohen Austenitisierungstemperaturen Korndurchmesser bis zu 1 mm entstanden. Als kontinuierliche Abkühlung wurde eine freie Ofenabkühlung gewählt. Die Angabe der Abkühlungsgeschwindigkeit gilt nur für den Temperaturbereich der Umwandlung, nicht für die gesamte Abkühlung. Die ZTU-Schaubilder für kontinuierliche Abkühlung wurden nach den im Atlas zur Wärmebehandlung der Stähle [51] angegebenen Verfahren aufgestellt. Die zur Temperaturmessung verwendeten Pt-PtRh-Thermoelemente waren an Haltepunkten reiner Metalle geeicht. Die in den Tab. 2 bis 4 angegebenen Umwandlungspunkte wurden im Dilatometer mit einer Aufheizgeschwindigkeit von 3°C/min bestimmt. Die Schliffe wurden nach den üblichen metallografischen Verfahren [54] hergestellt und, soweit nicht anders vermerkt, mit alkoholischer Pikrinsäure geätzt.

II. Bestimmung der Ferritmengen und des Entartungszustandes der Gefüge

Die Menge des Ferrits im Gefüge ließ sich sehr gut mit Hilfe eines Integrationstisches bestimmen, unabhängig davon, ob er massiv, schnurförmig in den Korngrenzen oder in Form von Nadeln kristallisiert. Die für die Ermittlung des Prozentanteiles durchmessenen Weglängen betrugen im allgemeinen 3 bis 4 mm. Beobachtet wurde bei 500facher Vergrößerung. Das Ausmaß der Gefügeentartung wurde bisher lediglich an Hand von Richtreihen geschätzt [2]. Nach einer genauen Definition des Begriffes der Entartung ergibt sich jedoch die Möglichkeit einer Messung. Bei der Anomalie in übereutektoidischen Stählen kristallisiert ein Teil des bei der eutektoidischen Umwandlung entstehenden Zementits an den voreutektoidischen Zementit an. Der entsprechende Mengenanteil an Ferrit bildet eigenständige Kristalle, wie sie in Abb. 5 zu sehen sind. Dieser Ferritanteil am Gefüge, im folgenden als »freier Ferrit« [22] bezeichnet, ist ein Maß für die Anomalie. Wird bei der eutektoidischen Umwandlung lediglich Perlit gebildet, so ist der Gefügeanteil des freien Ferrits gleich Null. Entartet das Gefüge vollständig, so daß bei der eutektoidischen Umwandlung kein Perlit entsteht, so ist der Gefügeanteil des freien Ferrits gleich dem Mengenanteil, der sich durch Anwendung des Hebelgesetzes im Zweiphasenraum Ferrit + Zementit des Systems Eisen-Kohlenstoff für die ferritische Phase ergibt. Für diesen Grenzfall wird im folgenden der Ferritanteil als »größtmögliche Ferritmenge« bezeichnet. Analog zum freien Ferrit ist in untereutektoidischen Stählen der nicht zum Perlit gehörende Zementit (vgl. Abb. 4), der als »freier Zementit« bezeichnet werden soll, ein Maß für die Entartung. Der Gefügeanteil des freien Ferrits, der, wie aus Abb. 5 hervorgeht, gut meßbar ist, wurde mit Hilfe des Integrationstisches bis auf $\pm$ 4% genau bestimmt. Die Ausdehnung der einzelnen Zementitteilchen des freien Zementits ist jedoch so gering (vgl. Abb. 4), daß sie nicht ausgemessen werden konnten. Für die Auswertung wurde daher an Stelle dieser Größe die Anzahl der auf einer Meßlinie je mm gezählten freien Zementitteilchen als Meßgröße verwendet. Wegen der besseren Meßmöglichkeit liegt dementsprechend das Schwergewicht der grundsätzlichen Untersuchung über die Gefügeentartung bei den übereutektoidischen Stählen. Die legierten Stähle wurden ausschließlich im übereutektoidischen Bereich untersucht.

III. Möglichkeiten zum Vergleich des Umwandlungsverhaltens verschiedener Stähle

Wenn der Einfluß der Legierungselemente auf bestimmte Umwandlungsvorgänge untersucht werden soll, so ist die Wahl der Austenitisierungszustände für die verschieden zusammengesetzten Stähle von besonderer Bedeutung dann, wenn diese Umwandlungsvorgänge empfindlich von dem Keimzustand des Austenits abhängen. Das ist sowohl der Fall bei der Bildung des WIDMANNSTÄTTEN-Ferrits, als auch bei dem entarteten eutektoidischen Zerfall.

Für die Ausscheidung des Ferrits in Nadeln wurden bei den meisten Stählen neben einer normalen Austenitisierung, die der technisch üblichen entsprach, mehrere überhöhte Temperaturen bis zu 1300° C angewendet, um sowohl den Einfluß der Korngröße und den der Homogenisierung des Austenits zu beobachten, als auch eine Übersicht über die Verhältnisse zu gewinnen, wie sie beim Schweißen auftreten.

Sehr viel kritischer war die Auswahl der Austenitisierungsbedingungen beim Vergleich der Stahllegierungen in bezug auf die Gefügeentartung, um so mehr als sich diese auf den Umwandlungsablauf bei einer einzigen Unterkühlungstemperatur 20° C unter Ac_1 und höchstens zwei kennzeichnende Austenitisierungszustände beschränken sollte. Hier wurde die folgende Auswahl getroffen. Als hohe Austenitisierungstemperatur wurde eine Temperatur nahe der Liquiduslinie gewählt (vgl. Tab. 3 und 4). Hierbei ist die Überhitzung so groß, daß die Unterschiede in den Ac_{cm}-Temperaturen vernachlässigt werden können. Die niedrige Temperatur kurz oberhalb Ac_{cm} wurde nach der empirisch entwickelten Formel (1) festgelegt:

$$T_A = T_c + \frac{50}{1 + |(\% C - 0{,}8)|} + 250 \frac{D_{T_1}}{D_{T_A}} \quad (1)$$

Hierin ist T_A die Austenitisierungstemperatur, T_c die Ac_3- bzw. Ac_{cm}-Temperatur, D_{T_1} die Diffusionskonstante des Kohlenstoffs im Austenit bei der Ac_{1e}-Temperatur, D_{T_A} die Diffusionskonstante des Kohlenstoffs bei der Austenitisierungstemperatur. Durch die Gleichung wird T_A so bestimmt, daß mit steigender Austenitisierungstemperatur die Überhitzung über A_3 bzw. A_{cm} kleiner wird. Hierdurch wird berücksichtigt, daß mit steigender Temperatur die Diffusionskonstante des Kohlenstoffs im Austenit größer wird. Für die Berechnung wurden die Diffusionskonstanten des Kohlenstoffs im Austenit der Arbeit von WELLS, BATZ und MEHL [33] entnommen. Ein Einfluß der Legierungselemente wurde lediglich bei dem Molybdänstahl berücksichtigt [32], da die übrigen Elemente in den vorliegenden Gehalten keinen Einfluß auf die Diffusionskonstante des Kohlenstoffs haben. Die nach Gl. (1) berechneten, auf 10° C abgerundeten Austenitisierungstemperaturen sind in den Tab. 3 und 4 als »niedrige Austenitisierungstemperatur« eingetragen. Die Haltezeit auf Austenitisierungstemperatur betrug einheitlich 10 min. Wird der gleiche Austenitisierungszustand vorausgesetzt, so ist das Umwandlungsverhalten verschiedener Stähle am besten zu vergleichen bei isothermischer Umwandlung. Triebkraft der Umwandlung ist die Änderung der freien Enthalpie ΔG. Sie ist in der Nähe der A_1-Temperatur proportional der Unterkühlung [55]. Die Gefügeausbildungen der verschiedenen Stähle wurden daher nach isothermischer Umwandlung bei einer Unterkühlung von 20° C unter Ac_1 verglichen. Aus Vorversuchen ergab sich, daß bei einer Unterkühlung von 20° C die verschiedenen Einflußgrößen am deutlichsten voneinander zu unterscheiden sind. Für den Vergleich der Stähle bei kontinuierlicher Abkühlung wurde eine Abkühlungsgeschwindigkeit von 7° C/min gewählt. Für die Stähle 1–12 wurden vollständige ZTU-Schaubilder aufgestellt, um den Einfluß der Abkühlungsgeschwindigkeit auf die Ferritausscheidung zu ermitteln.

D. Versuchsergebnisse

I. Die Ausscheidung des Ferrits in Widmannstättenscher Anordnung

1. Die Ausscheidungskinetik

An Hand von Abb. 7 wurde dargestellt, daß die Ausscheidung des Ferrits in Widmannstättenscher Anordnung erst von einer Unterkühlung von rd. 60°C unter Ac_3 an möglich ist. Die der Rechnung zugrunde liegende Annahme, daß diese Form der Ferritausscheidung über einen Umklappvorgang erfolgt, wurde mit einem Heiztischmikroskop der Firma Leitz überprüft. Die Abb. 14 zeigt die Anordnung der Probe in der evakuierten Heizkammer. Die Probe wird von außen durch eine Molybdänwicklung beheizt. Die Temperaturmessung erfolgt in der Bohrung der Probe, so daß die gesamte Probenoberfläche zur Beobachtung zur Verfügung steht. Die Temperaturdifferenz zwischen der Probenoberfläche und der Temperatur der Meßstelle wurde durch eine Versuchsreihe bestimmt. Sie kann bis zu 150°C betragen. Eine weitere Temperaturkontrolle ergab sich aus dem Vergleich des Beginns der Umwandlung im Heiztisch mit den im Dilatometer erhaltenen Werten. Das verwendete Objektiv mit besonders großem Objektivabstand hatte eine Apertur von 0,6 und eine 32fache Vergrößerung.
Umwandlungen können im Heiztisch nur beobachtet werden, wenn sie mit einer Oberflächendeformation verbunden sind, d. h. über einen Umklappmechanismus

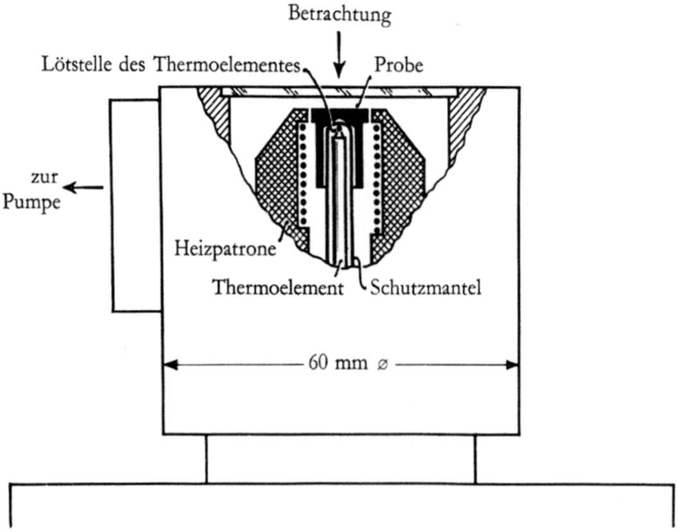

Abb. 14 Anordnung der Probe im Heiztisch (schematisch)

laufen. Die Abb. 15 zeigt für den Stahl 1 die Veränderung der Probenoberfläche bei kontinuierlicher Abkühlung im Heiztisch nach einer Austenitisierung von 1050°C 20 min. Der Abkühlungsverlauf der Heiztischprobe ist in Abb. 20 eingezeichnet. Bei 715°C werden bereits kleine Oberflächendeformationen in der rechten unteren Bildecke sichtbar. Bei 700°C ist rechts oben bereits eine lange schmale Nadel entstanden, die mit sinkender Temperatur breiter wird (Abb. 15c bis e). Auch an anderen Stellen ist zu erkennen, daß die Nadeln in Länge und Breite wachsen. Nach der Abkühlung auf Raumtemperatur (Abb. 15f) wurde die Probe ohne weiteres Polieren geätzt. Die Abb. 16, deren Ausschnitt etwas anders liegt, als in Abb. 15, zeigt, daß die im Heiztisch beobachteten Nadeln WIDMANNSTÄTTEN-Ferrit sind. Dies bedeutet, daß die Bildung der Ferritkeime in WIDMANNSTÄTTENscher Anordnung über einen diffusionslosen Schermechanismus erfolgt und daß diese, ähnlich wie in der Zwischenstufe kohärent in dem Maße weiter wachsen, wie der Kohlenstoff in den umgebenden Austenit abdiffundiert. Die Abb. 17 zeigt Ausschnitte aus den Abb. 15f und 16. Die starke Oberflächenverformung ist hier besonders gut zu erkennen. Die Perlitstruktur ist in Abb. 17a bereits schwach angedeutet, im allgemeinen ist sie in den ungeätzten Proben nicht zu sehen.

Die Berechnung der Temperaturdifferenz zwischen L und L′ in Abb. 7 wurde durch isothermische Umwandlung bei bestimmten Unterkühlungen unter Ac_3 an dem Stahl 19 überprüft. Nach Abb. 7 ist zwar bei Unterkühlungen größer L′ die Bildung von WIDMANNSTÄTTEN-Ferrit grundsätzlich möglich, sie wird aber nur dann erfolgen, wenn die Keimbildungsgeschwindigkeit des körnigen Ferrits, vor allem des Korngrenzenferrits kleiner ist, als die des WIDMANNSTÄTTEN-Ferrits, da von beiden Umwandlungsformen jeweils diejenige abläuft, die zu der schnellsten Abnahme der freien Enthalpie mit der Zeit führt [28]. Die Unterkühlung, bei der noch WIDMANNSTÄTTEN-Ferrit auftritt, ist daher nur dann sicher zu bestimmen, wenn die Keimbildungsgeschwindigkeit aller anderen Ausscheidungsformen des Ferrits so klein wie möglich ist. Dies wird erreicht durch eine Austenitisierung bei sehr hohen Temperaturen, die zu einem weitgehend homogenen Austenit führen. So ist bei dem Stahl 19 nach einer Austenitisierung bei 850°C ausschließlich körniger Ferrit entstanden. Die Versuche wurden daher nach einer Austenitisierung bei 1300°C 10 min durchgeführt. Die Abb. 18 zeigt die Änderung der Ausscheidungsform des Ferrits mit der Unterkühlung unter Ac_3. Im Bereich zwischen Ac_3 und Ac_1 ist die Kurve des Gefügeanteiles des gesamten Ferrits entsprechend dem Verlauf der GOS-Linie des Zustandsschaubildes Eisen–Kohlenstoff gezeichnet. Durch isothermische Umwandlung sind diese Werte nicht zu erhalten, da hierfür sehr lange Umwandlungszeiten erforderlich sind. Bei Umwandlungen wenige Grad unterhalb Ac_1 ist das Gefüge vollständig entartet, so daß der gesamte Ferrit als freier Ferrit vorliegt. Mit zunehmender Unterkühlung nimmt der Gefügeanteil des Ferrits dann stetig ab bis auf eine feine Ausscheidung auf den Korngrenzen bei einer Umwandlungstemperatur von rd. 650°C. Bei noch größeren Unterkühlungen entsteht nur noch Perlit. Die ersten Ferritnadeln treten bei einer Unterkühlung von rd. 25°C auf. Mit zunehmender Unterkühlung nimmt der Gefügeanteil des WIDMANNSTÄTTEN-Ferrits schnell zu, geht dann jedoch durch

Abb. 15 Stahl 1 (0,19% C; 0,74% Cr), Bildung des WIDMANNSTÄTTEN-Ferrits
Austenitisierung 1050° C, 20 min Heiztischaufnahmen

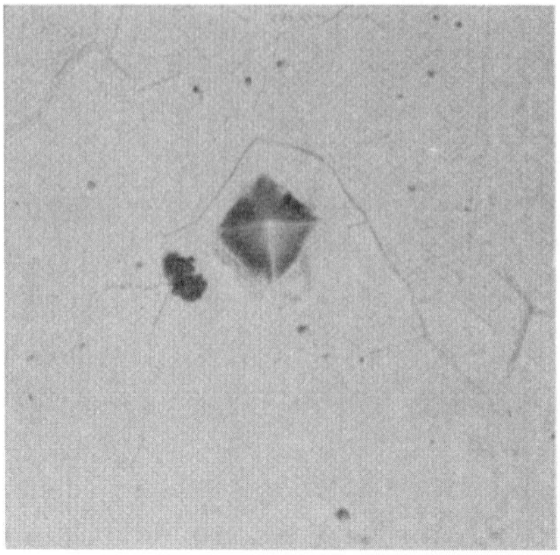

a) Probentemp. 900° C 200:1

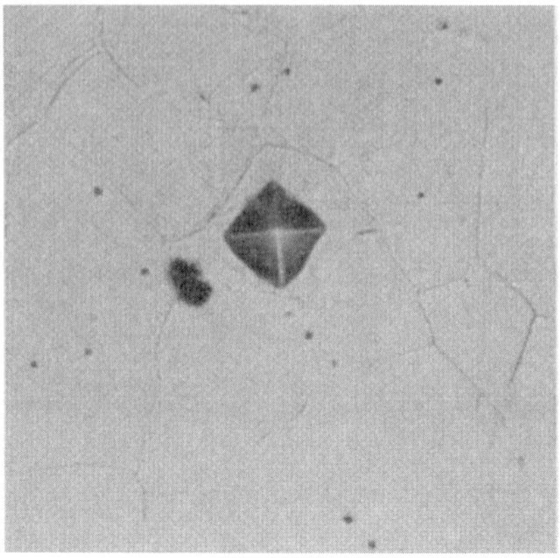

b) 715° C 200:1

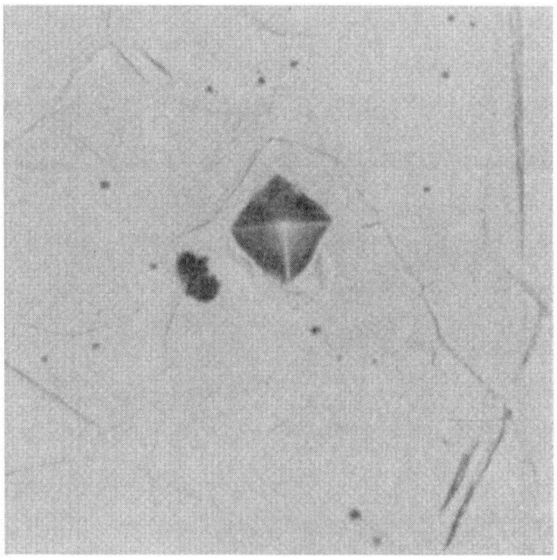

c) 700° C 200:1

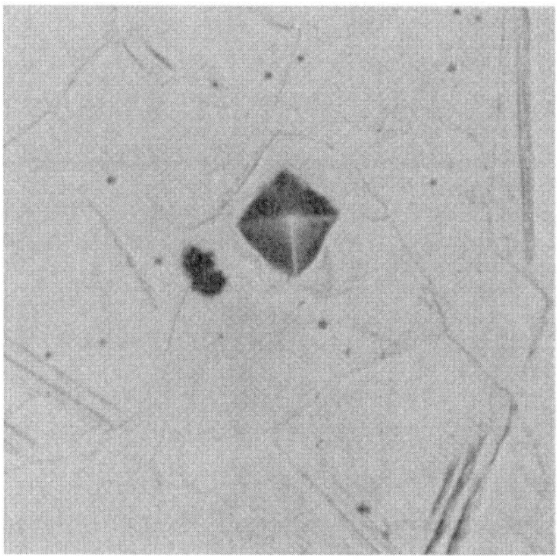

d) 685° C 200:1

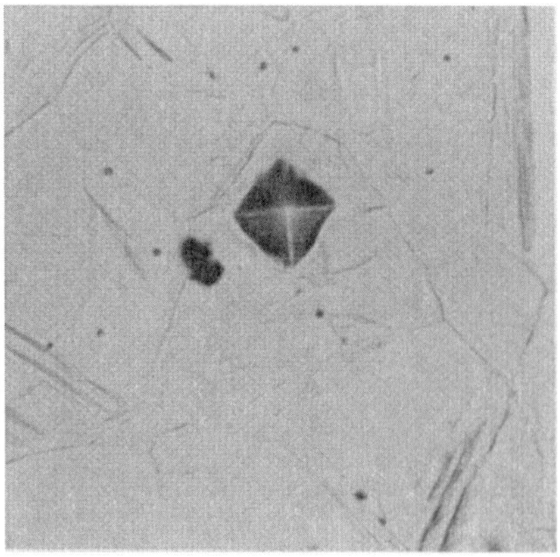

e) 670° C 200:1

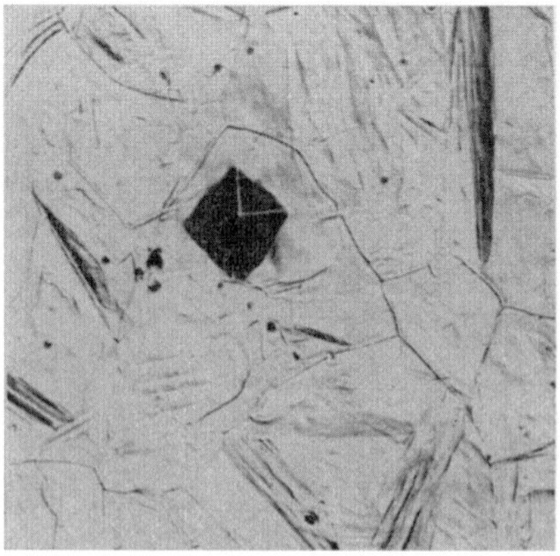

f) Raumtemperatur 200:1

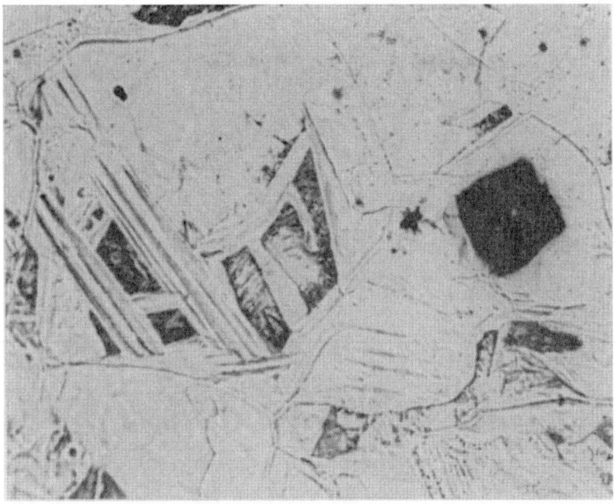

Abb. 16 Stahl 1, Heiztischprobe nach Abkühlung auf Raumtemperatur (vgl. Abb. 15f) geätzt, 300:1

Abb. 17 Stahl 1, Deformation der Oberfläche durch die Bildung von WIDMANNSTÄTTEN-Ferrit
a) Ausschnitt aus Abb. 15f, 1500:1

Abb. 17 b) Ausschnitt aus Abb. 16, 1500:1

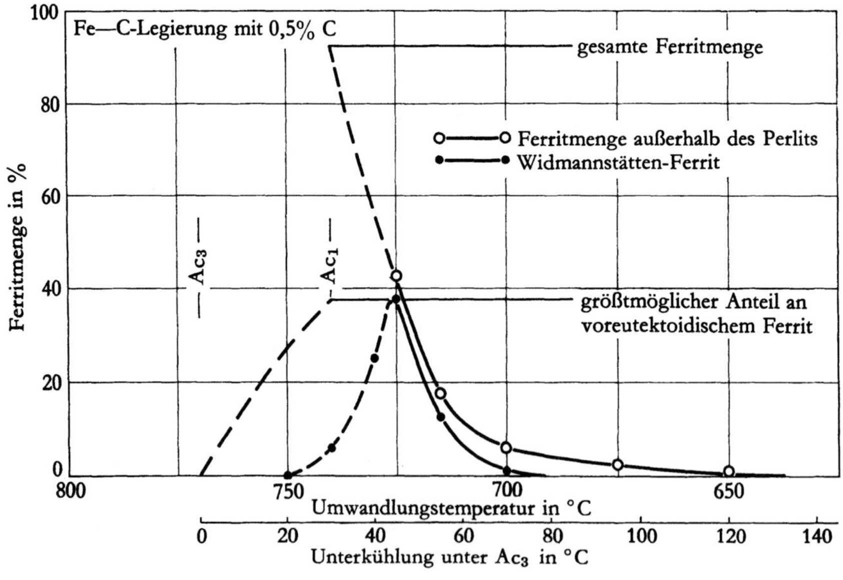

Abb. 18 Einfluß der Unterkühlung auf die Kristallisationsform des Ferrits

Additional material from *Der Einfluß der Unterkühlung auf die Kristallisationsformen von voreutektoidisch ausgeschiedenen Phasen und von eutektoidischen Phasengemengen*, ISBN 978-3-663-06034-5, is available at http://extras.springer.com

ein Maximum. Dieses Maximum ergibt sich aus der zunehmenden Unterdrückung der voreutektoidischen Ferritausscheidung mit abnehmender Umwandlungstemperatur. Bei einer Unterkühlung von 70° C unter Ac_3 d. h. bei 700° C beträgt der Gefügeanteil des Widmannstätten-Ferrits nur noch weniger als 1%. Im Temperaturbereich von 700° bis 725° C erfolgt praktisch die gesamte voreutektoidische Ferritausscheidung in Form von Widmannstätten-Ferrit. Körnig kristallisiert lediglich ein weitgehend temperaturunabhängiger Mengenanteil an Korngrenzenferrit.

Die Temperaturdifferenz L–L' nach Abb. 7 beträgt damit für den Stahl 19 unter den gewählten Bedingungen rd. 25° C gegenüber einem berechneten Wert von rd. 60° C. Der Wert für ω ist daher bei der Bildung von Widmannstätten-Ferrit mit rd. 2 mindestens um den Faktor 0,36 kleiner als bei der Martensitbildung. Eine Änderung in dieser Richtung war zu erwarten.

2. *Die Ausbildungsformen*

Die Ausbildungsformen des Widmannstätten-Ferrits sind bereits von Dubé, Aaronson und Mehl [1] eingehend beschrieben worden. Sie werden im folgenden als Ergebnis der eigenen Untersuchungen lediglich noch einmal kurz gegenübergestellt.

Die Abb. 19a zeigt neben Korngrenzenferrit dreieckige Ferritflächen, die den Beginn der Ausscheidung von Widmannstätten-Ferrit darstellen. Sie treten auch im Korninnern auf. Die Abb. 19b zeigt, daß die Begünstigung des Breitenwachstums der Nadeln auf den Korngrenzen so groß ist, daß sie schnell zu einem geschlossenen Ferritband auf der Korngrenze zusammenwachsen können. Ausbildungen, wie sie Abb. 19c zeigt, lassen vermuten, daß die Bildung des Widmannstätten-Ferrits in diesem Falle im Anschluß an eine voreutektoidische Ferritausscheidung auf den Korngrenzen erfolgt, wie es Aaronson [6] beschrieben hat. Bei fortgeschrittener Umwandlung ist dann nicht mehr zu erkennen, ob die Ferritausscheidung wie in den Abb. 19a und b begonnen hat oder ob der Widmannstätten-Ferrit von Korngrenzenferrit ausgegangen ist (Abb. 19f und g). Eine weitere Ausscheidungsform des Widmannstätten-Ferrits sind Winkel, deren Scheitel auf der Korngrenze liegen (Abb. 19d und e). Im Verlaufe der Umwandlung wachsen die Scheitelpunkte meist zu einem geschlossenen Ferritband auf der Korngrenze zusammen (Abb. 19e). Die Abb. 19f und g zeigen die am häufigsten auftretende Ausbildungsform des Widmannstätten-Ferrits: von der Korngrenze ausgehende Platten, die im Schliffbild als Nadeln erscheinen. Mitunter treten aber auch von dem Korngrenzenferrit ausgehende »Flammen« auf. Dieses Erscheinungsbild ist wahrscheinlich auf die Ausscheidung zahlreicher Platten im Korninnern zurückzuführen, wie es Abb. 19i zeigt.

Bei kontinuierlicher Abkühlung liegt der Beginn der Umwandlung bei um so höherer Temperatur, je geringer die Abkühlungsgeschwindigkeit ist. Nach Abb. 18 ist daher zu erwarten, daß bei hohen Abkühlungsgeschwindigkeiten die Bildung des WIDMANNSTÄTTEN-Ferrits mit der beginnenden Ferritbildung einsetzt. Zu kleinen Abkühlungsgeschwindigkeiten hin ist dagegen zu erwarten, daß von einer bestimmten Geschwindigkeit ab keine Ausscheidung des Ferrits in WIDMANNSTÄTTENscher Form mehr erfolgt. Bei Erreichen der Temperatur L′ (Abb. 7) ist bereits die Ausscheidung von Korngrenzenferrit so weit fortgeschritten, daß die Ferritbildung durch Wachsen dieses Ferrits abgeschlossen wird, bevor sich Keime für Ferritnadeln gebildet haben. Zahlenmäßig ist diese Geschwindigkeit nicht festzulegen. Größenordnungsmäßig wird sie bei der Abkühlungsgeschwindigkeit liegen, bei der die voreutektoidische Ferritausscheidung bei der Temperatur L′, d. h. rd. 25° C unter Ac_3 bereits eingesetzt hat. Damit ist über die Unterkühlung ein Einfluß der Legierungselemente auf die Ausscheidung des WIDMANNSTÄTTEN-Ferrits zu erwarten.
Zur Überprüfung dieser Vorstellungen wurden von den in Tab. 2 aufgeführten Stählen 1–12 ZTU-Schaubilder für kontinuierliche Abkühlung aufgestellt. Die Abb. 20 zeigt als Beispiel das Schaubild des Stahles 1 für eine Austenitisierung 1050° C 20 min. In das Schaubild ist der Bereich, in dem WIDMANNSTÄTTEN-Ferrit auftritt, schraffiert, wobei die Höhe der Schraffur ein Maß für den Anteil des WIDMANNSTÄTTEN-Ferrits am Gesamtferrit darstellt, nicht für die Bildungstemperatur. In Dilatometeraufnahmen kann die Temperatur der beginnenden Ausscheidung von WIDMANNSTÄTTEN-Ferrit nicht bestimmt werden, da sich die Ausscheidungsformen des Ferrits im Ablauf der Längenänderung nicht unterscheiden. In die Abb. 20 ist ferner der Abkühlungsverlauf der Heiztischproben eingetragen. Die weißen Kreise im Feld der Ferritbildung geben die zu den Abb. 15b, 15c und 15d gehörenden Temperaturen an. Die Bildung der Nadeln setzt also unmittelbar mit der Ferritbildung ein. Die Schaubilder der übrigen Stähle unterscheiden sich nicht grundsätzlich von dem in Abb. 20 gezeigten. Bei den untersuchten Molybdänstählen scheidet sich der voreutektoidische Ferrit im ganzen Geschwindigkeitsbereich körnig aus. Eine in das Schaubild, Abb. 21, eingetragene gestrichelte Linie deutet an, daß sich aus diesem Ferrit im Verlauf der Abkühlung Karbid ausscheidet. Die übrigen ZTU-Schaubilder sollen hier nicht einzeln dargestellt werden. Wesentlich für die vorgegebene Fragestellung ist die in Abb. 22 für die Stähle 1–3 wiedergegebene Auswertung der Schaubilder. Auf der Abszisse ist die Abkühlungszeit von Ac_3 bis 500° C in Sekunden, auf der Ordinate der aus den Schliffbeobachtungen abgeschätzte Gefügeanteil des Ferrits aufgetragen. Mit zunehmender Abkühlungszeit von Ac_3 bis 500° C, d. h. abnehmender Abkühlungsgeschwindigkeit nimmt der Gefügeanteil des Gesamtferrits zu, da mit steigender Abkühlungsgeschwindigkeit die Ferritausscheidung immer frühzeitiger von der Perlitbildung unterbrochen wird. Die Ferritbildung setzt ein bei der kritischen Abkühlungszeit K_F', die aus dem ZTU-Schaubild unmittelbar abgelesen werden kann. Mit den ersten Gefügeanteilen an Ferrit tritt bereits WIDMANNSTÄTTEN-

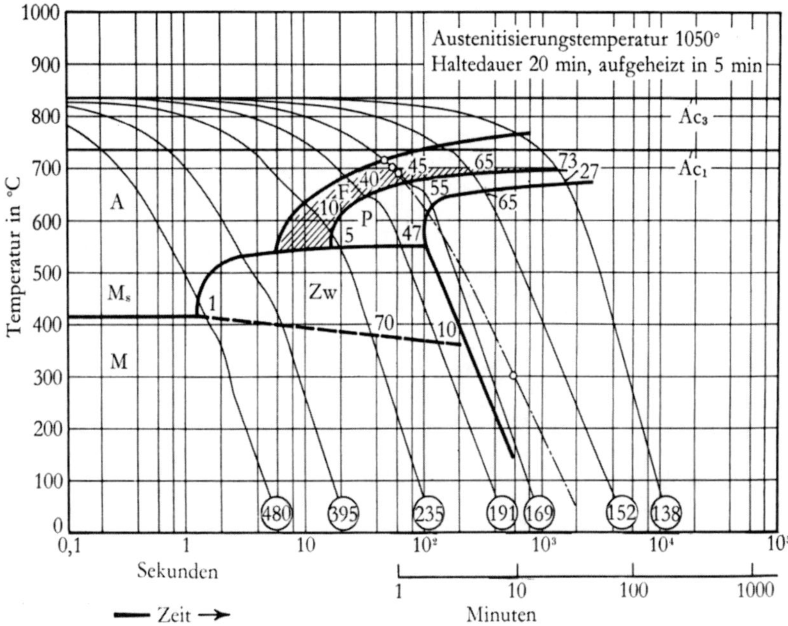

Abb. 20 Stahl 1 (0,19% C; 0,74% Cr), ZTU-Schaubild für kontinuierliche Abkühlung

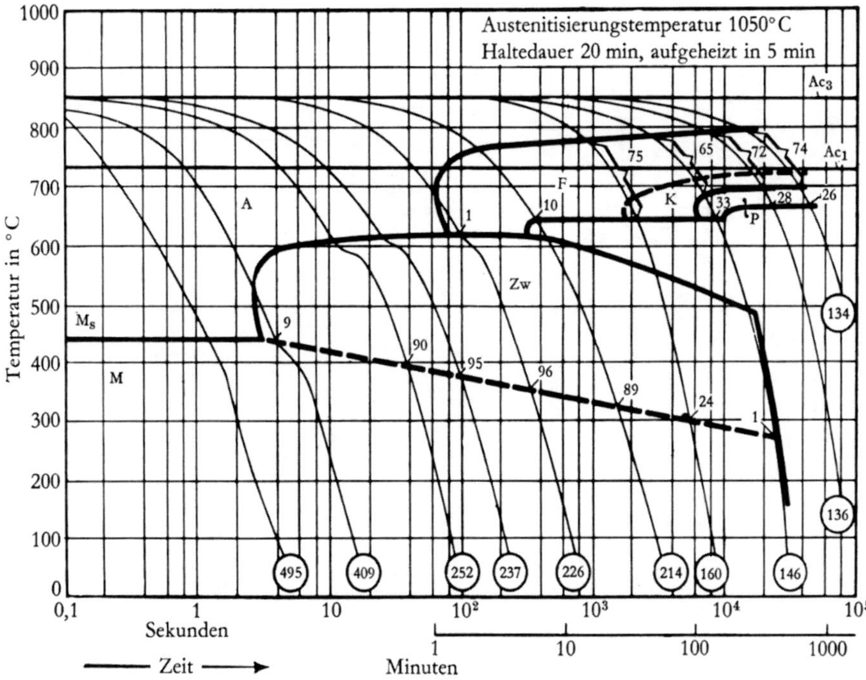

Abb. 21 Stahl 10 (0,20% C; 0,83% Mo), ZTU-Schaubild für kontinuierliche Abkühlung

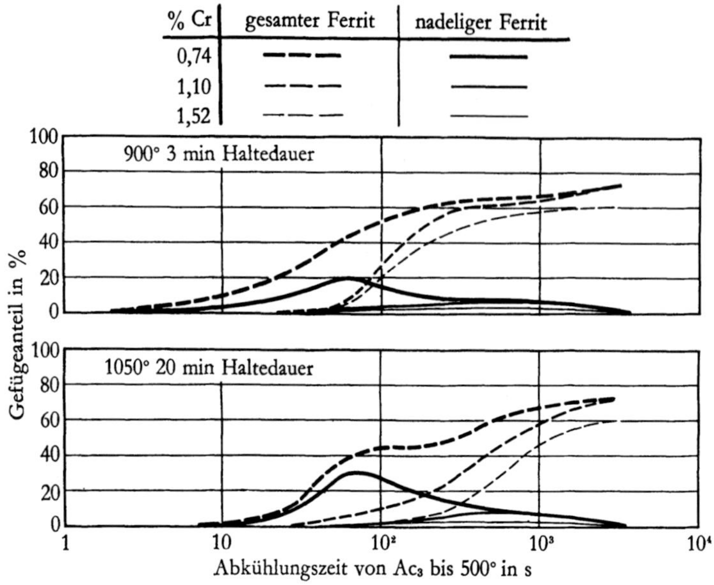

Abb. 22 Stähle 1 bis 3, Bildung von WIDMANNSTÄTTEN-Ferrit in den Chromstählen

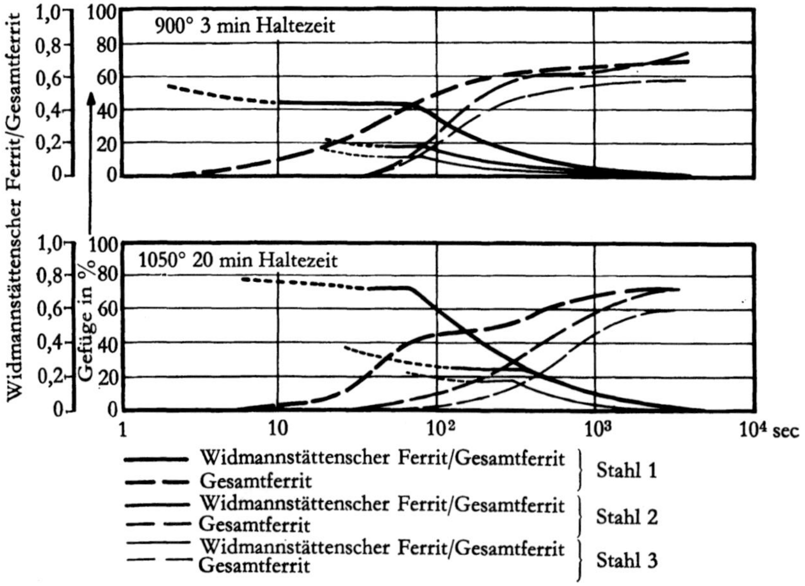

Abb. 23 Stähle 1 bis 3, Anteil des WIDMANNSTÄTTEN-Ferrits am Gesamtferrit für die Chromstähle

Ferrit auf (vgl. Abb. 18). Mit zunehmender Abkühlungszeit geht der Gefügeanteil des WIDMANNSTÄTTEN-Ferrits durch ein Maximum und fällt dann bei rd. 3000 sec auf Null ab. Bei kleinen Abkühlungsgeschwindigkeiten, bei denen die voreutektoidische Ferritausscheidung bereits bei geringen Unterkühlungen einsetzt, entsteht kein WIDMANNSTÄTTENscher Ferrit mehr. Mit steigendem Cr-Gehalt nimmt der größte erreichbare Anteil von Nadelferrit im Gefüge ab. Bei gleicher Abkühlungszeit erniedrigt sich nicht nur der Anteil an Nadeln, sondern die gesamte Ferritmenge.

Die Abb. 23 zeigt deshalb die Änderung des Verhältnisses WIDMANNSTÄTTEN-Ferrit/Gesamtferrit mit der Abkühlungszeit. Bei kleinen Gesamtferritmengen sind die Kurven nur gestrichelt, da eine genaue Gefügebeurteilung sehr schwierig ist. Auch dieses Verhältnis sinkt mit steigendem Chromgehalt. Die Abb. 24 gibt für die drei Chromstähle jeweils die Gefüge mit den höchsten Anteilen an WIDMANNSTÄTTEN-Ferrit wieder. Die Abnahme des Verhältnisses WIDMANNSTÄTTEN-Ferrit/Gesamtferrit mit steigendem Chromgehalt ist deutlich zu erkennen. Die Abb. 25 und 26 geben die Ausscheidungsform des Ferrits in Abhängigkeit von der Abkühlungszeit für die Siliziumstähle Nr. 4–6 und die Manganstähle Nr. 7 und 8 wieder. Im Gegensatz zu den Chromstählen nimmt bei Abkühlungszeiten um 10 sec mit steigendem Siliziumgehalt der Gefügeanteil des Gesamtferrits zu. Der Gefügeanteil des WIDMANNSTÄTTEN-Ferrits dagegen nimmt mit steigendem Siliziumgehalt ab. Der Gefügeanteil des WIDMANNSTÄTTEN-Ferrits ist jedoch wesentlich größer als bei den hochchromhaltigen Stählen, so daß der größte Wert des Verhältnisses WIDMANNSTÄTTEN-Ferrit zu Gesamtferrit bei den Siliziumstählen nur auf 0,5 (Stahl 5) bzw. 0,3 (Stahl 6) absinkt. Während bei den Chrom- und Siliziumstählen mit steigendem Legierungsgehalt der Gefügeanteil des WIDMANNSTÄTTEN-Ferrits abnimmt, nimmt er bei den Manganstählen trotz abnehmender Gesamtferritmenge zu (Abb. 26). Das Verhältnis WIDMANNSTÄTTEN-Ferrit zu Gesamtferrit steigt dementsprechend mit dem Mangangehalt an. Nach einer Austenitisierung 3 min bei 900° C wird der größte Wert dieses Verhältnisses von 0,35 (Stahl 7) auf 0,85 (Stahl 8) erhöht. Der Stahl 9 mit 1,63% Mangan ist als Feinkornstahl auch nach einer Austenitisierung bei 1050° C noch sehr feinkörnig und bildet dementsprechend nur körnigen Ferrit. Erst nach einer Austenitisierung bei 1300° C wird er grobkörnig und bildet größere Mengen an WIDMANNSTÄTTEN-Ferrit. In allen untersuchten Molybdänstählen tritt kein Ferrit in WIDMANNSTÄTTENscher Anordnung auf. Der Beginn der Ferritbildung K_F wird durch Molybdän zu derart langen Zeiten verschoben, daß die größtmögliche Unterkühlung, bei der die Ferritbildung beginnt, nicht mehr als 80° C beträgt, während sie z. B. bei dem Stahl 1 Werte bis zu 250° C erreichen kann (vgl. Abb. 20). Aus allen für diese Arbeit aufgenommenen Schaubildern ergibt sich aber, daß bei kontinuierlicher Abkühlung WIDMANNSTÄTTEN-Ferrit nicht mehr auftritt, wenn die voreutektoidische Ferritausscheidung bei einer Unterkühlung kleiner als 60–80° C beginnt. Dieser Wert ist größer, als er bei den isothermischen Versuchen an reinen Eisen–Kohlenstoff-Legierungen gefunden wurde (vgl. Abb. 18). Offenbar wirkt sich die bekannte Verschiebung der Umwandlungen zu längeren Zeiten und tieferen Temperaturen beim Übergang von isothermischer zu kontinuierlicher

Abb. 24 Gefügeausbildung der Chromstähle bei den höchsten auftretenden Gehalten an WIDMANNSTÄTTEN-Ferrit

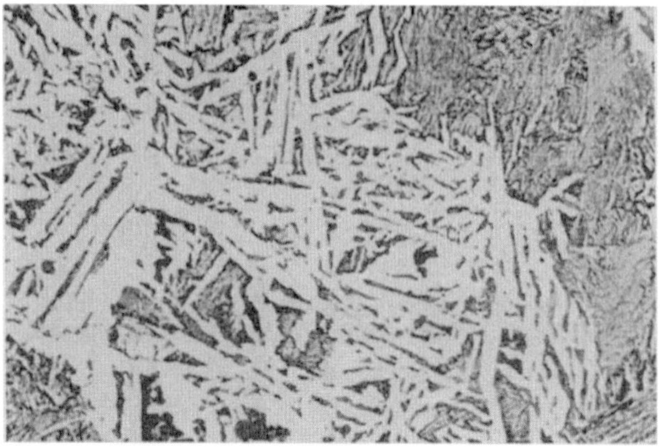

Stahl 1 500:1

Stahl 2 500:1

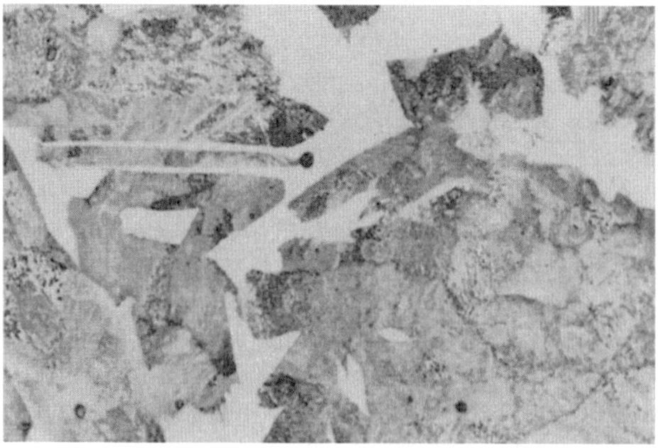

Stahl 3 500:1

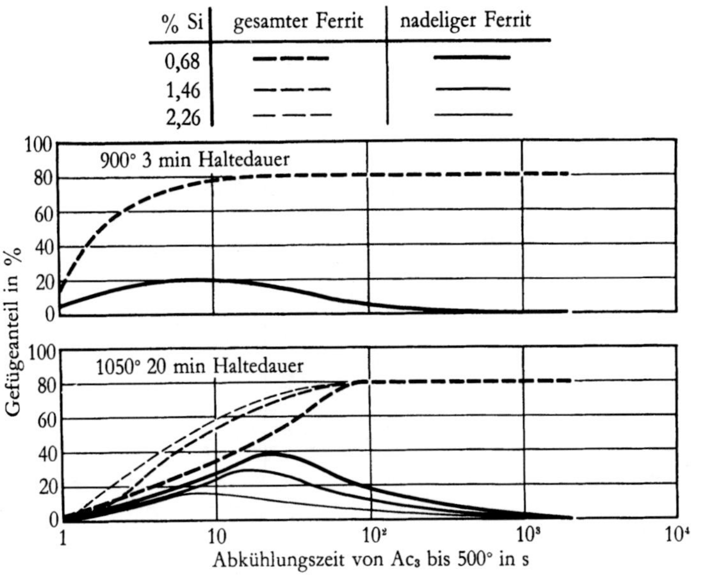

Abb. 25 Bildung von WIDMANNSTÄTTEN-Ferrit in den Siliziumstählen

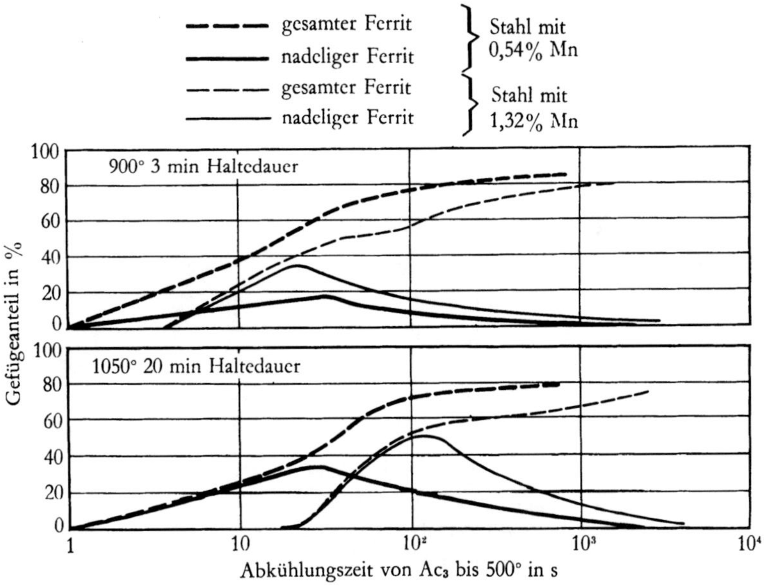

Abb. 26 Bildung von WIDMANNSTÄTTEN-Ferrit in den Manganstählen

Abkühlung so aus, daß bei kontinuierlicher Abkühlung die Temperaturdifferenz L–L′ größer zu sein *scheint*, da die Keimbildung *aller* Ausscheidungsformen des Ferrits etwa gleichmäßig verzögert wird.

Einen Überblick über den Einfluß der Legierungselemente gibt die Abb. 27. Die auf der Ordinate aufgetragenen Werte der Gefügeanteile beziehen sich auf die erreichten Höchstwerte, also nicht auf gleiche Abkühlungsvorgänge.

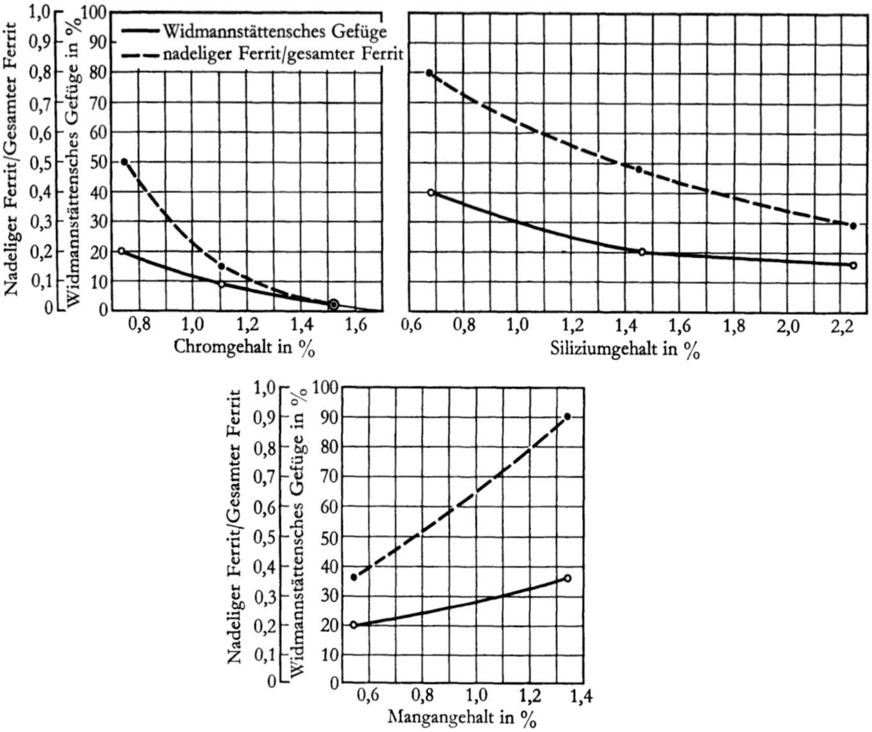

Abb. 27 Einfluß der Legierungselemente auf den größtmöglichen Gefügeanteil an WIDMANNSTÄTTEN-Ferrit

In den Abb. 22, 23, 25 und 26 ist die Bildung des Ferrits nicht nur für eine Austenitisierung von 3 min bei 900°C, sondern auch für eine Haltedauer von 20 min bei 1050° C dargestellt. Summarisch ergibt sich aus den Versuchsergebnissen, daß mit steigender Austenitisierungstemperatur der Anteil des WIDMAANSTÄTTEN-Ferrits am Gesamtferrit zunimmt. Aus der Tatsache, daß der Manganstahl 9 als Feinkornstahl nach einer Austenitisierung bis rd. 1050° C keine nennenswerten Mengen an WIDMANNSTÄTTEN-Ferrit bildet, läßt sich folgende Vorstellung ableiten. Mit zunehmender Homogenisierung des Austenits nimmt die Keimbildungsgeschwindigkeit aller bei der Umwandlung entstehenden Phasen ab. Mit steigender Austenitisierungstemperatur wächst gleichzeitig die Korngröße an. Die voreutektoidische Ferritausscheidung beginnt stets auf den Korngrenzen, auf denen sich schnell ein Ferritband bildet, das dann nur noch langsam dicker wird. Daher ist die gesamte ausgeschiedene Ferritmenge in einem feinkörnigen Stahl nach der ersten Bildung des Ferritbandes wesentlich größer als in einem grobkörnigen. In grobkörnigen Stählen ist die Übersättigung des Austenits an Ferrit nach der Ausscheidung des ersten Ferritbandes noch so groß, daß die Keime des WIDMANNSTÄTTEN-Ferrits zu größeren Ausscheidungen anwachsen können. Wie der Manganstahl 9 zeigt, ist dieser Einfluß der Korngröße der entscheidende Faktor, nicht die Homogenisierung des Austenits. Dies steht im Gegensatz zu der Gefügeentartung, wo nicht die Korngröße sondern die Homogenisierung des Austenits die entscheidende Einflußgröße ist. In Abb. 28 ist für den Stahl 8 der Zusammenhang zwischen der Korngröße, der Abkühlungszeit von Ac_3 bis 500° C und dem erzielten Gefügeanteil an WIDMANNSTÄTTEN-Ferrit dargestellt. Erst von Korngrößen über ASTM 3 sind Gefügeanteile von 50% WIDMANNSTÄTTEN-Ferrit erreichbar. Die Grenze des Auftretens von WIDMANNSTÄTTEN-Ferrit von 3000 sec wird durch die Korngröße praktisch nicht beeinflußt.

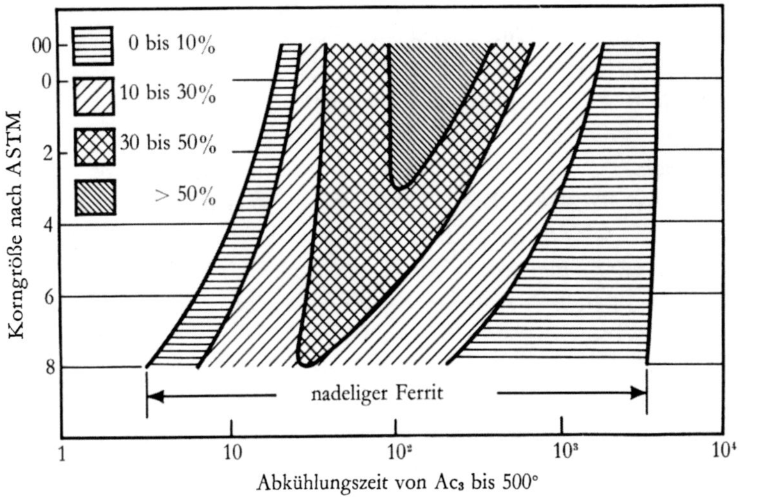

Abb. 28 Stahl 8 (0,23% C; 1,32% Mn), Zusammenhang zwischen der ASTM-Korngröße, der Abkühlungszeit von Ac_3 bis 500° C und dem Gefügeanteil des WIDMANNSTÄTTEN-Ferrits

An Hand von Abb. 29 lassen sich die Bedingungen für das Auftreten von WIDMANNSTÄTTEN-Ferrit beurteilen. Die Kurve B–b gibt die gesamte Ferritausscheidung in Prozent in Abhängigkeit von der Abkühlungszeit wieder, deren größte Menge bei b durch den Kohlenstoff- und Legierungsgehalt des Stahles gegeben ist. Der Punkt B auf der Abszisse ist die aus den Schaubildern für kontinuierliche Abkühlung zu entnehmende Größe K_F, der Beginn der Ferritbildung. Der Punkt A entspricht demjenigen Abkühlungsvorgang, bei dem die voreutektoidische Ferritausscheidung erstmals bis auf etwa 70° C unterkühlt wird. Für die untersuchten Stähle liegt er nach den ZTU-Schaubildern nahezu einheitlich bei 3000 sec. Damit bildet der Kurvenzug a–A die Begrenzung der Bildung von WIDMANNSTÄTTEN-Ferrit zu kleinen Abkühlungsgeschwindigkeiten. Der Punkt C gibt die größtmögliche Menge an WIDMANNSTÄTTEN-Ferrit an, die überhaupt

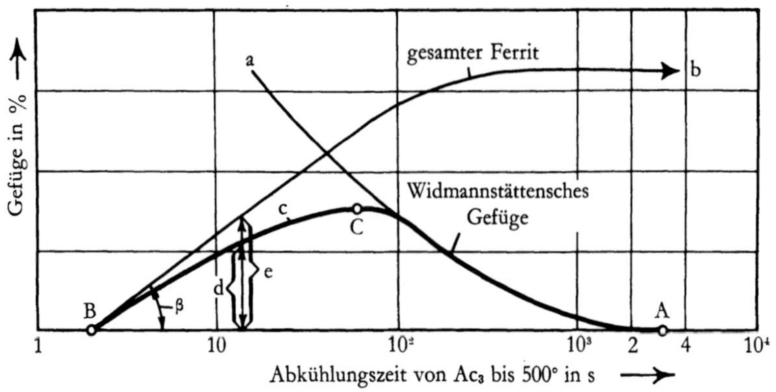

Abb. 29 Schematische Darstellung der Bildung von Widmannstätten-Ferrit

gebildet werden kann. Durch steigende Austenitisierungstemperatur und zunehmende Korngröße wird der Punkt B etwas zu längeren Zeiten hin, der Punkt C zu höheren Werten hin verschoben. Gleichzeitig wird der Winkel β kleiner, so daß das Verhältnis Widmannstätten-Ferrit/Gesamtferrit d/e größer wird. Durch die Legierungselemente wird die Lage der Punkte B und C ebenfalls verändert. Durch Chrom wird B zu längeren Zeiten, C zu kleineren Werten hin verschoben. Silizium senkt lediglich den Wert von C, die Lage von B wird nicht beeinflußt. Durch Mangan wird B zu längeren Zeiten, C jedoch zu höheren Werten verschoben. Mangan ist somit unter den untersuchten Elementen das einzige, das die Ausscheidung von Widmannstätten-Ferrit begünstigt. Durch 0,8% Molybdän bereits wird der Punkt B bis zum Punkt A nach rechts verschoben, so daß kein Widmannstätten-Ferrit mehr entstehen kann.

Während die Verschiebung des Punktes B durch die Legierungselemente aus den ZTU-Schaubildern bekannt ist, ist die Veränderung der Lage des Punktes C aus den bisher bekannten Eigenschaften der Elemente nicht abzuleiten. Erstaunlich ist auch, daß für alle untersuchten Stähle der Wert von A mit etwa 3000 s der gleiche ist; nach dieser Abkühlungszeit setzt die voreutektoidische Ferritausscheidung bei einer Unterkühlung von etwa 70° C ein. Daß nicht die Abkühlungszeit von 3000 s, sondern die Unterkühlung, bei der die Ferritbildung einsetzt, die Lage von A bestimmen, zeigen Versuche an den Stählen 9 und 13 nach einer Austenitisierung bei 1300° C. Unter diesen Bedingungen trat noch bis zu Abkühlungszeiten von 4200 s zwischen Ac_3 und 500° C Widmannstätten-Ferrit auf. Die Ferritausscheidung setzte nach einer Unterkühlung von rd. 100° C ein.

Durch die Versuche werden die oben dargelegten Vorstellungen über die Bildung des Widmannstätten-Ferrits bestätigt. Die Austenit-Ferrit-Umwandlung erfolgt über einen Schermechanismus, der dem des Martensits und der Zwischenstufe entspricht. Im Heiztischmikroskop sind die Zwischenstufenumwandlung und die Bildung von Widmannstätten-Ferrit lediglich durch ihre unterschiedliche Bildungstemperatur zu unterscheiden. Die Bildung von Martensit ist daran zu erkennen, daß die Platten nicht langsam wachsen, sondern schlagartig entstehen. Auch metallografisch ist die Unterscheidung zwischen Widmannstätten-Ferrit und Zwischenstufenferrit nicht immer möglich. Die Abb. 30 zeigt z. B. die häufig zu beobachtende Erscheinung, daß zwischen Ferritnadeln Restaustenit erhalten bleibt. Das läßt auf eine starke Anreicherung an Kohlenstoff schließen. Wandelt dieser Austenit bei längeren Haltezeiten zu Perlit um, so würde man den Ferrit als WIDMANNSTÄTTEN-Ferrit bezeichnen. Würden sich grobe Karbide ausscheiden, so wäre er als Zwischenstufenferrit anzusehen. Metallografisch ist damit die Unterscheidung zwischen WIDMANNSTÄTTEN-Ferrit und Zwischenstufenferrit nur möglich, wenn die Gefügeausbildung zwischen den Ferritplatten eindeutig als Perlit oder Karbid angesprochen werden kann, was häufig nicht der Fall ist.

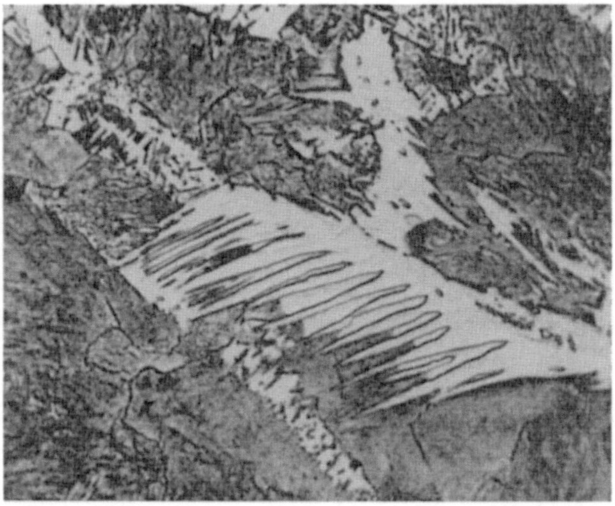

Abb. 30 Stahl 20 (0,54% C), Restaustenit zwischen Ferritnadeln, 1500:1

4. *Die mechanischen Eigenschaften von Gefügen mit Ferrit in* WIDMANNSTÄTTEN*scher Anordnung*

Die mechanischen Eigenschaften des WIDMANNSTÄTTEN-Ferrits im Vergleich zu denen des körnigen Ferrits ließen sich nicht bestimmen. Die Untersuchungen haben gezeigt, daß es nicht möglich ist, das Verhältnis »gesamter Ferrit« zu »WIDMANNSTÄTTEN-Ferrit« bei konstant gehaltenem Gefügeanteil des Perlits zu verändern. Messungen der Mikrohärte ergaben keinen Unterschied zwischen den beiden Ausscheidungsformen des Ferrits, doch ist hieraus nicht ohne weiteres auf gleiches Zähigkeitsverhalten zu schließen. Der beste Vergleich war unter den untersuchten Stählen am Stahl 1 möglich. Nach einer Austenitisierung 1050° C 5 min und anschließender Luftabkühlung bestand das Gefüge aus 55% Perlit, 35% WIDMANNSTÄTTEN-Ferrit und 10% körnigem Ferrit. Nach einer isothermischen Umwandlung bei 600° C bestand das Gefüge aus 45% Perlit, 5% WIDMANNSTÄTTEN-Ferrit und 50% körnigem Ferrit. Die Kerbschlagzähigkeits-Temperatur-Kurven von derartigen Vergleichsproben ergaben keine Unterschiede in der Hoch- und Tieflage. Die Übergangstemperatur war jedoch in den Proben mit größerem Anteil an WIDMANNSTÄTTEN-Ferrit um 20° C höher als in denen mit körnigem Ferrit. Wenn dies auch möglicherweise auf den erhöhten Perlitanteil zurückzuführen ist, so ist dennoch zu sagen, daß das Auftreten von WIDMANN-STÄTTEN-Ferrit anzeigt, daß die Umwandlung erst nach stärkerer Unterkühlung einsetzte und dadurch wie bei allen derartigen Gefügen die Kerbschlagzähigkeit verschlechtert ist.

II. Die Entartung der Gefüge

1. Die Gefügeentartung reiner Eisen–Kohlenstoff-Legierungen bei isothermischer Umwandlung

a) Die Entartung des Gefüges in einer übereutektoidischen Legierung

Die Bedingungen für die Entartung des Gefüges in übereutektoidischen Stählen wurden an dem Stahl 24 eingehend untersucht, wobei vor allem der Keimzustand des Austenits in weiten Grenzen verändert wurde. In Abb. 31 ist der Einfluß *der Unterkühlung unter* Ac_1 (735° C) bei isothermischer Umwandlung auf den Gefügeanteil des freien Ferrits – als Maß für die Anomalie – dargestellt. Parameter ist die Austenitisierungstemperatur. Bei Umwandlungen zwischen 735°C und 725° C

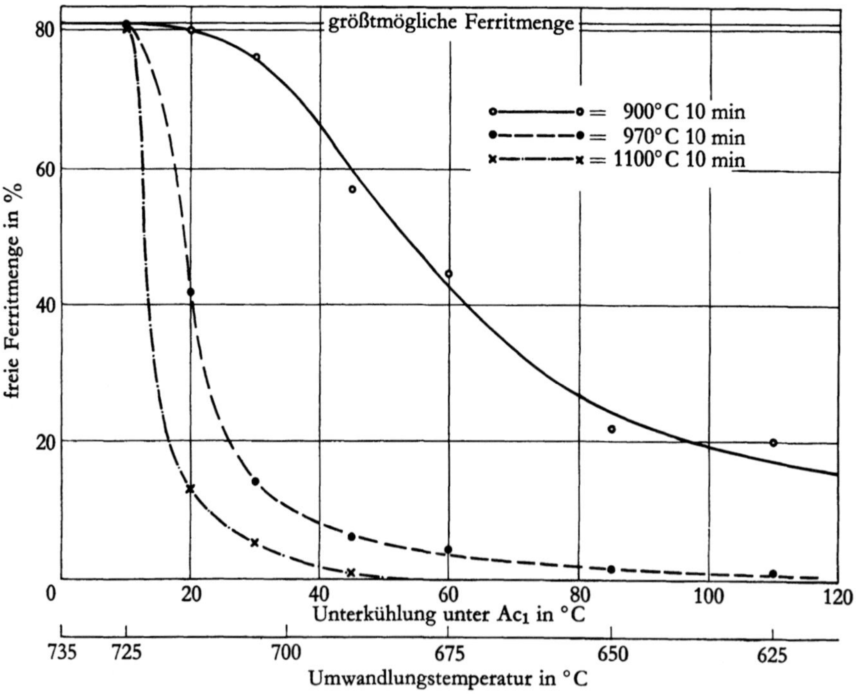

Abb. 31 Stahl 24, Einfluß der Unterkühlung unter Ac_1 und der Austenitisierungstemperatur auf den Gefügeanteil des freien Ferrits

wird unabhängig von der Austenitisierungstemperatur die größtmögliche Ferritmenge erreicht, es entsteht kein Perlit. Mit zunehmender Unterkühlung wird in steigendem Maße Perlit gebildet. Die Temperatur, bei der der Gefügeanteil des Ferrits Null % beträgt, d. h. ein »normales« Gefüge entsteht, ist um so höher, je höher die Austenitisierungstemperatur ist. Bei einer gegebenen Unterkühlung unter Ac_1 nimmt mit steigender Austenitisierungstemperatur die Entartung des Gefüges ab. Die Abb. 32 zeigt den Einfluß der Umwandlungstemperatur auf die

Abb. 32 Stahl 24 (1,29% C), Einfluß der Umwandlungstemperatur auf die Gefügeausbildung. Austenitisierung 970° C, 10 min

80% Ferrit 300:1
a) Umwandlungstemperatur 725° C

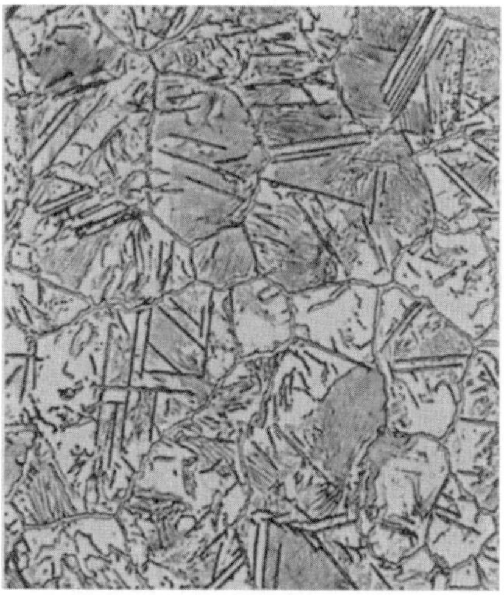

32% Ferrit 300:1
b) Umwandlungstemperatur 715° C

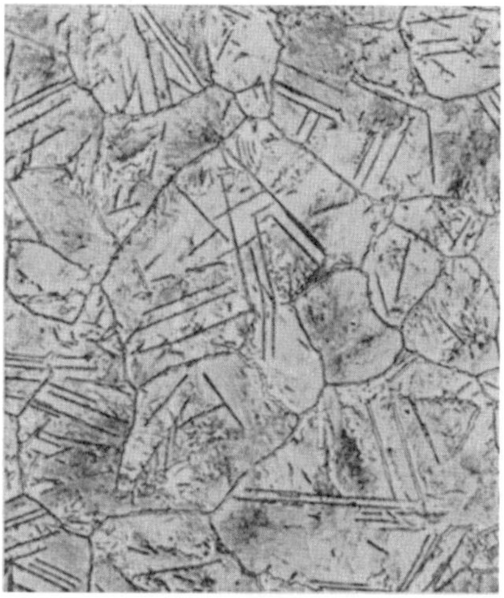

6% Ferrit 300:1
c) Umwandlungstemperatur 690° C

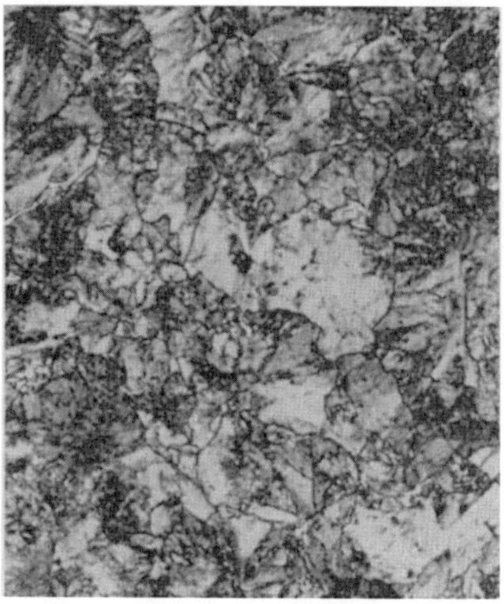

1% Ferrit 300:1
d) Umwandlungstemperatur 625° C

Ausbildung des Gefüges für eine Austenitisierung bei 970° C. Nach einer Umwandlung bei 725° C, 10° C unter Ac_1, ist das Gefüge vollständig entartet. Es sind nur noch Spuren von Perlit zu erkennen. Mit zunehmender Unterkühlung nimmt der Anteil des freien Ferrits am Gefüge ab, gleichzeitig wird der Perlit feinstreifiger, die voreutektoidische Zementitausscheidung, insbesondere die Ausscheidung von Nadelkarbiden, wird immer mehr unterdrückt. Bei einer isothermischen Umwandlung 110° C unter Ac_1 (Abb. 32d) beträgt der Gefügeanteil des freien Ferrits nur noch 1%, die voreutektoidische Zementitausscheidung ist bis auf eine feine Ausscheidung auf den Austenitkorngrenzen zurückgegangen. Bei stärkerer Unterkühlung im Bereich der unteren Perlitstufe und der oberen Zwischenstufe treten keine Gefügebesonderheiten mehr auf. Die in Abb. 32 wiedergegebene Änderung der Gefügeausbildung mit zunehmender Unterkühlung unter A_1 ist kennzeichnend für alle Austenitisierungstemperaturen.

Diese Ergebnisse bestätigen die oben entwickelten Vorstellungen über die Bedingungen für die Kristallisation des Perlits. Der Perlit kann erst von einer bestimmten Unterkühlung unter A_1 an entstehen. Der Übergang von einer Phasenanordnung geringer Grenzflächenenergie zu der des Perlits erfolgt in einem Temperaturbereich.

Der entscheidende Einfluß der Keimbildungsbedingungen für den Perlit und die voreutektoidischen Phasen auf die Gefügeausbildung ergibt sich vor allem aus dem in Abb. 33 dargestellten Einfluß der Austenitisierungstemperatur auf den Gefügeanteil des freien Ferrits. Bei dieser Versuchsreihe wurden alle Proben möglichst

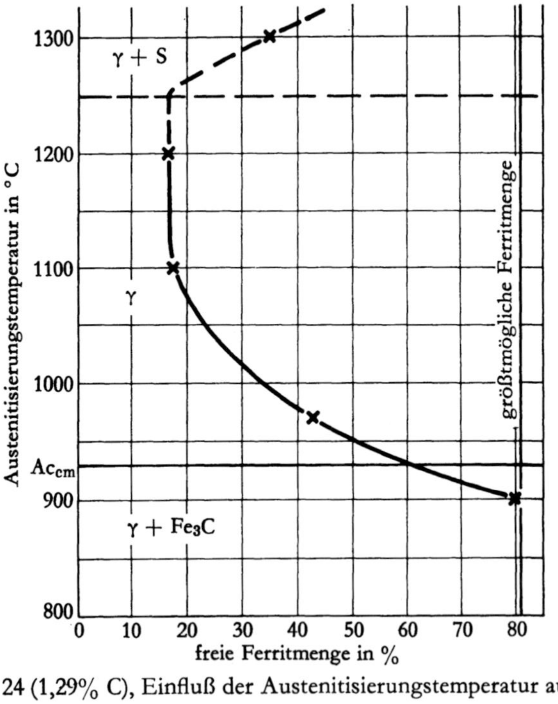

Abb. 33 Stahl 24 (1,29% C), Einfluß der Austenitisierungstemperatur auf den Gefügeanteil des freien Ferrits

lange gleichzeitig in einem Salzbad von 715°C (20°C unter Ac_1) isothermisch umgewandelt, damit sich Schwankungen der Badtemperatur möglichst in gleicher Weise auf alle Proben auswirken. Jedem Meßpunkt liegt daher nur eine Probe zugrunde, während in Abb. 31 jeder Meßpunkt das Mittel aus mehreren unabhängigen Messungen ist. Die Darstellung zeigt, daß mit steigender Austenitisierungstemperatur, d. h. mit zunehmender Homogenisierung des Austenits, der Gefügeanteil des freien Ferrits abnimmt. Nach einer Austenitisierung im Zweiphasengebiet Austenit + Zementit liegen noch zahlreiche ungelöste Karbide und Konzentrationsschwankungen des Kohlenstoffs im Austenit vor. Hierdurch wird die Keimbildung des Zementits sehr begünstigt [56]. Ferner wachsen die noch ungelösten Karbide schnell an, so daß die voreutektoidische Karbidausscheidung so schnell abläuft, daß die Sättigungslinie S_z (Abb. 1) erreicht wird. Von diesem Zeitpunkt an kann die Umwandlung nur durch eine Ferritausscheidung weiterlaufen, die jedoch unabhängig von der Karbidbildung erfolgt. Eine Koppelreaktion ist nicht möglich, da infolge der ungleichmäßigen Kohlenstoffverteilung eine periodisch wiederholte Keimbildung (Wachstumsrichtung A in Abb. 8) nicht möglich ist. Ebensowenig kann sich eine mit dem Lamellenabstand periodisch wiederholende Konzentrationsverteilung ausbilden (Wachstumsrichtung B in Abb. 8). Ein getrenntes Wachsen der Phasen ist gegenüber der Koppelreaktion bevorzugt, obwohl die Unterkühlung erheblich größer als S' (vgl. Abb. 11) ist. Die gleichen Überlegungen gelten für eine Austenitisierung im Zweiphasengebiet Austenit + Schmelze. Die starke Kohlenstoffanreicherung in den aufgeschmolzenen Bereichen führt zu einer ungleichmäßigen Kohlenstoffverteilung im Austenit. Durch den hohen Kohlenstoffgehalt der Aufschmelzungen wird beim Abkühlen die Keimbildung des Karbids außerordentlich stark begünstigt, so daß ein ähnlich inhomogener Zustand vorliegt wie nach der Austenitisierung im Gebiet Austenit + Karbid. Dementsprechend werden die Gefügeanteile des freien Ferrits nach Überschreiten der Liquiduslinie wieder größer. Eine Verlängerung der Haltezeit auf Austenitisierungstemperatur von 10 min auf 1 h führt nur zu einer geringen Abnahme der Ferritmengen. Die Abb. 34 zeigt die Gefüge der für die Messung in Abb. 33 verwendeten Proben. Nach der Austenitisierung im Zweiphasengebiet Austenit + Zementit bei 900°C ist das Gefüge völlig anomal. Mit steigender Austenitisierungstemperatur nimmt der Gefügeanteil des Perlits zu, gleichzeitig steigt die Korngröße an. Die voreutektoidische Karbidausscheidung geht mit steigender Austenitisierungstemperatur von einer Korngrenzenbelegung zu einer Ausscheidung in Platten über. Auch hierin zeigt sich der Einfluß der Homogenisierung auf die Keimbildung wie auch der Wechsel in der Art der Keime [48]. Die absolute Zahl der Keime nimmt mit der Homogenisierung ab, wie aus der Abnahme der Zahl der Zementitplatten mit steigender Austenitisierungstemperatur hervorgeht. Die Ausscheidung des Zementits in Platten wird begünstigt durch ein grobes Korn, da infolge der großen Diffusionswege des Kohlenstoffs die Ausscheidungsgeschwindigkeit des Korngrenzenzementits nur gering ist, wie es bereits für den WIDMANNSTÄTTEN-Ferrit beschrieben wurde. Nach einer Austenitisierung bei 1300°C entstehen jedoch – bei gleicher Korngröße wie bei 1100°C – mehr Zementitplatten als nach einer Austenitisierung bei 1100°C, da, wie oben

Abb. 34 Stahl 24 (1,29% C), Einfluß der Austenitisierungstemperatur auf die Gefügeausbildung bei einer Umwandlung 20° C unter Ac_1

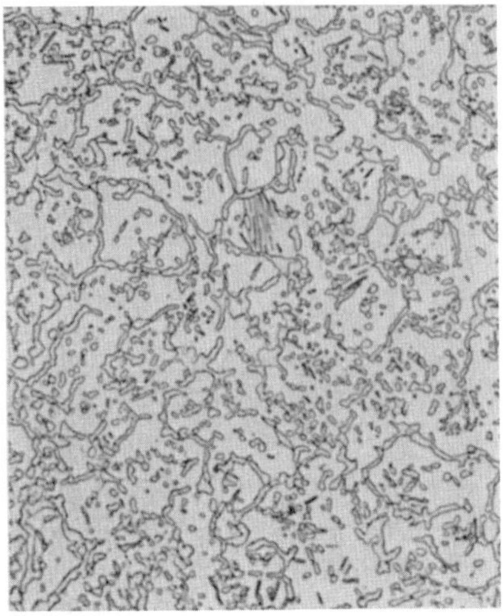

80% Ferrit 500:1
a) Austenitisierung 900° C, 10 min

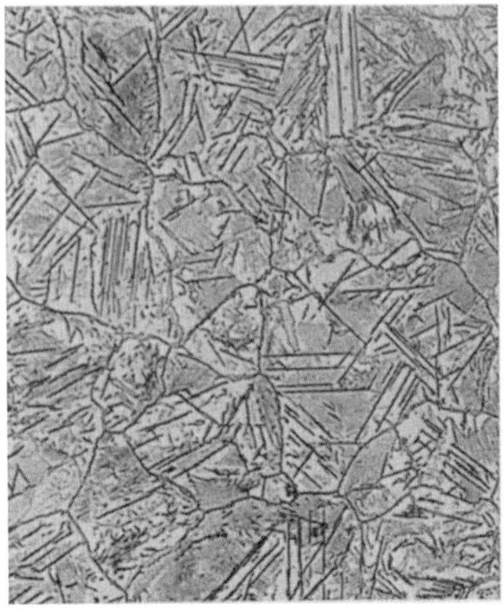

43% Ferrit 200:1
b) Austenitisierung 970° C, 10 min

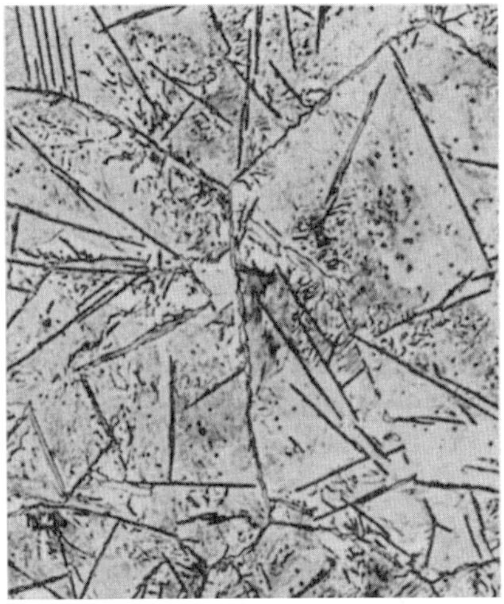

18% Ferrit 200:1
c) Austenitisierung 1100° C, 10 min

35% Ferrit 200:1
d) Austenitisierung 1300° C, 10 min

beschrieben, durch die Aufschmelzungen die Keimbildung des Zementits sehr begünstigt ist.

Diese Ergebnisse bestätigen, daß bei übereutektoidischen Stählen bei gleicher Unterkühlung unter A_1 das durch die Austenitisierungstemperatur zu verändernde Verhältnis der Keimbildungsgeschwindigkeiten $\frac{N_K}{N_P}$ die Gefügeausbildung entscheidend beeinflußt.

In der Literatur wird vielfach berichtet, daß grobkörnige Stähle meist normal seien [57]. Aus den Abb. 33 und 34 geht jedoch hervor, daß die Korngröße nicht allein die Gefügeausbildung bestimmt. Obwohl nach einer Austenitisierung bei 1300° C die gleiche Korngröße vorliegt wie bei 1200° C, wird die kleinste freie Ferritmenge durch eine Austenitisierung bei 1200° C erreicht. Der entscheidende Einfluß, der bisher nicht meßbar ist und deshalb fälschlich mit Hilfe der Korngröße gekennzeichnet wird, ist die Homogenisierung des Austenits. Die Korngröße kann jedoch noch mittelbar die Gefügeausbildung beeinflussen. Die voreutektoidischen Ausscheidungen wachsen in Richtung der Korngrenze sehr viel schneller als senkrecht dazu. Nach der Belegung aller Korngrenzen mit Zementit nimmt die ausgeschiedene Menge daher nur noch langsam zu. Bei kontinuierlicher Abkühlung hat dies zur Folge, daß die gesamte Umwandlung bei grobkörnigen Stählen im Vergleich zu feinkörnigen zu tieferen Temperaturen verschleppt wird und der Gefügeanteil der voreutektoidischen Ausscheidungen kleiner ist. Auf diese Weise kann die Gefügeentartung in feinkörnigen Stählen gegenüber grobkörnigen bevorzugt werden.

Abgesehen vom Ausmaß der Entartung des Gefüges ändert sich mit zunehmender Unterkühlung auch der Ablauf der zu den entarteten Gefügen führenden Umwandlung. Die Abb. 35 zeigt dies am Beispiel der Stähle 18/1 und 23. Bei einer isothermischen Umwandlung des Stahles 18/1 15° C unter Ac_1 beginnt die Umwandlung mit einer voreutektoidischen Zementitausscheidung auf den Austenitkorngrenzen. Die Bildung von Ferrit schließt sich an. Er wächst von einer Stelle des Zementitnetzwerkes aus vor (Abb. 35a). Nach dem Ende der Umwandlung besteht das Gefüge aus Korngrenzenzementit und Ferrit; Perlit ist nicht entstanden (Abb. 35b). Aus der Anzahl der Ferritkörner je Austenitkorn ist noch zu erkennen, von wieviel Keimzentren die Ferritbildung ausgegangen ist. Bei einer etwas größeren Unterkühlung beginnt die Umwandlung in gleicher Weise. Der in Abb. 35a noch vorhandene Austenit (im Bild Martensit) wandelt dann jedoch zu Perlit um, so daß ein Gefüge entsteht, wie es Abb. 5 zeigt. Wird die Unterkühlung auf etwa 20–30° C vergrößert, so ändert sich der Ablauf der Umwandlung. Nach der voreutektoidischen Zementitausscheidung setzt *gleichzeitig* die Perlit- und die Ferritbildung ein. Mitunter entstehen in ein und demselben Korn an einer Stelle Perlit, an einer anderen Ferrit. In diesem Unterkühlungsbereich sind die Koppelreaktion und das getrennte Wachsen der Phasen gleichberechtigt (Abb. 35c). Die Abb. 35d zeigt für den Stahl 18/1, daß bei einer Unterkühlung 30° C unter Ac_1 alle Zerfalls-Gefügebestandteile auf Kosten des Austenits annähernd gleichzeitig miteinander wachsen. Nach beendeter Umwandlung ist der Entstehungsvorgang des Gefüges nicht mehr zu erkennen (Abb. 35e). Bei weiter zunehmender Unterkühlung erfolgt die Ferritbildung mehr und mehr erst gegen Ende der Umwandlung; die Perlitbildung ist gegenüber einem getrennten Wachsen der Phasen bereits eindeutig bevorzugt.

Diese Ergebnisse beweisen, daß die Koppelreaktion der Perlitbildung bei Umwandlungen nahe der Gleichgewichtstemperatur nicht mehr möglich ist. In einem bestimmten Unterkühlungsbereich, dessen Ausdehnung sehr stark von dem Keimzustand des Austenits abhängt, erfolgt die eutektoidische Umwandlung

Abb. 35 Einfluß der Umwandlungstemperatur auf den Ablauf der Umwandlung

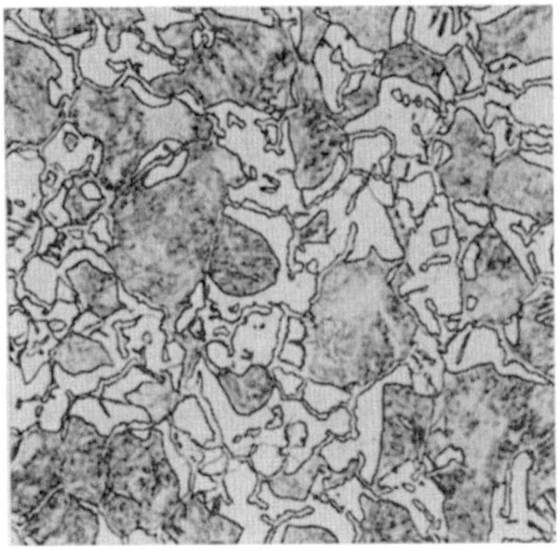

200:1
a) 920° C, 10 min/715° C, 500 s/H_2O

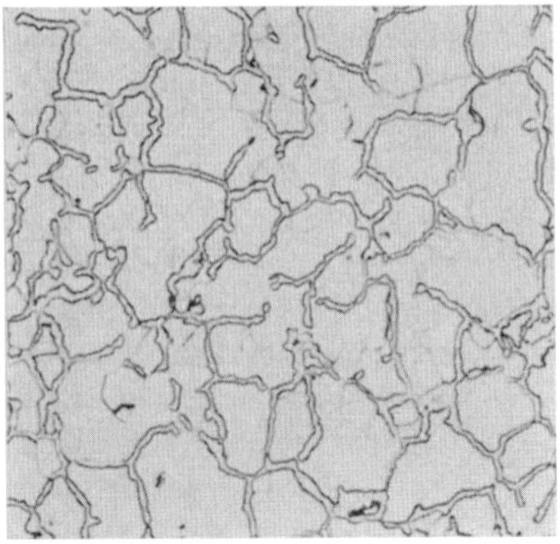

200:1
b) 920° C, 10 min/715° C, $2,9 \cdot 10^4$ s/H_2O

Stahl 18/1 (1,07% C)

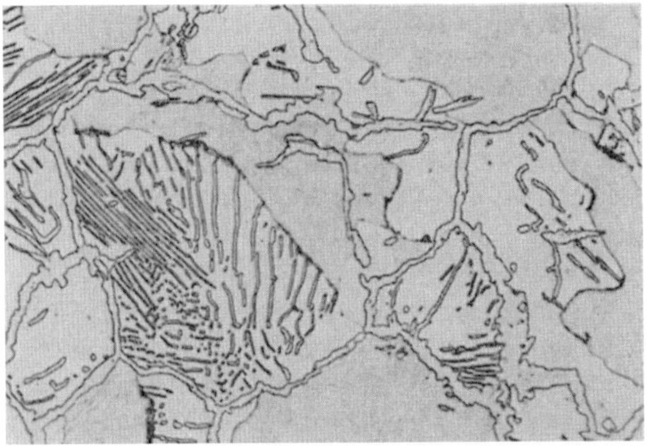

500:1
c) 950° C, 10 min/715° C, 400 s/H_2O
Stahl 23 (1,12% C)

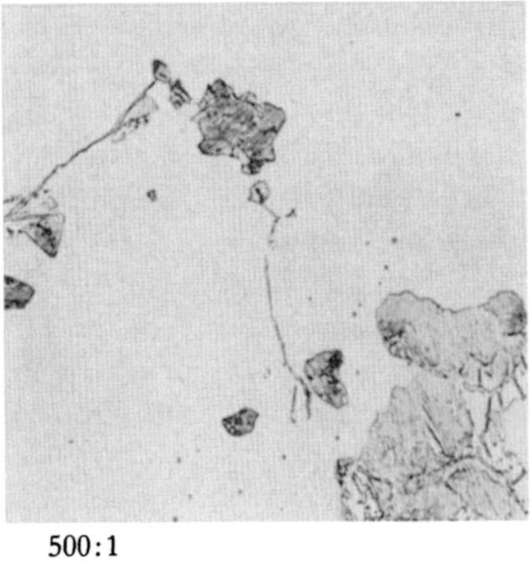

500:1
d) 920° C, 10 min/700° C, 50 s/H_2O

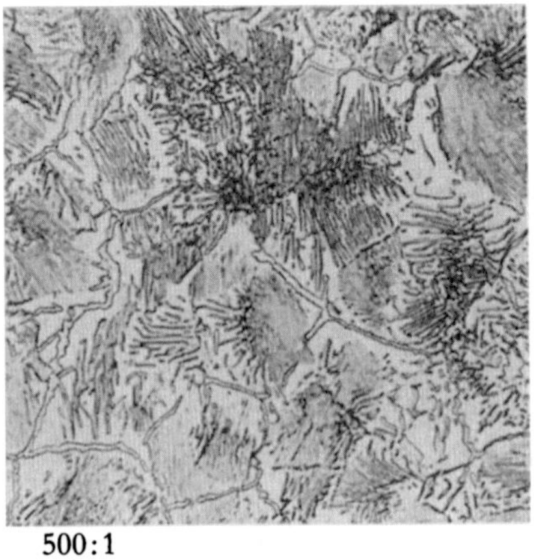

500:1
e) 920° C, 10 min/700° C, 200 s/H_2O

Stahl 18/1 (1,07% C)

teilweise durch die Bildung von Perlit, teilweise durch ein getrenntes Wachsen der Phasen. Nach Abb. 31 ist es nur eine Frage der Umwandlungstemperatur, ob mit steigender Austenitisierungstemperatur die Anomalie lediglich geringer oder das Gefüge normal wird.

b) Die Entartung des Gefüges in einer untereutektoidischen Legierung

Die Untersuchung des untereutektoidischen Stahles 19 erfolgte in der gleichen Weise wie die des übereutektoidischen Stahles 24. Als Maß für die Entartung mußte, wie oben bereits dargestellt, die mittlere Anzahl der auf einer Meßlinie je mm gezählten freien Zementitteilchen gewählt werden. Die Abb. 36 zeigt den Einfluß der Unterkühlung unter Ac_1 auf diese Größe für zwei Austenitisierungstemperaturen. Wie bei dem übereutektoidischen Stahl nimmt mit abnehmender Umwandlungstemperatur und zunehmender Austenitisierungstemperatur die

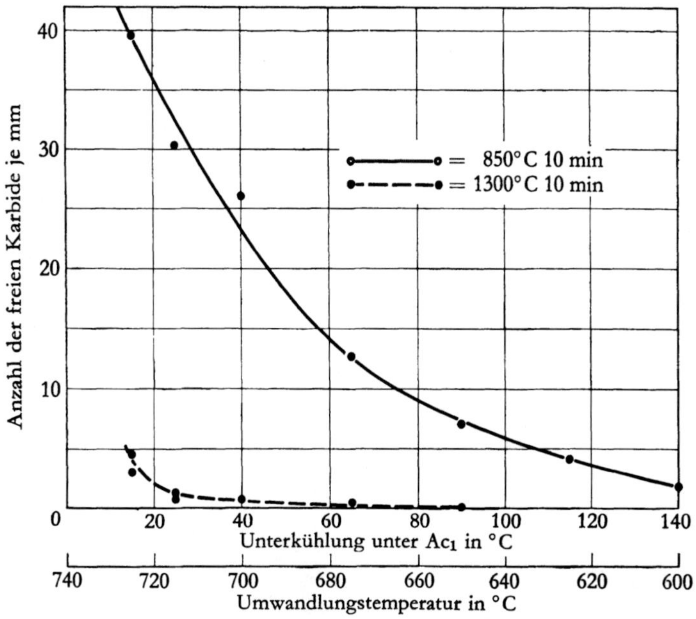

Abb. 36 Stahl 19 (0,5% C), Einfluß der Unterkühlung unter Ac_1 und der Austenitisierungstemperatur auf die Gefügeentartung

Gefügeentartung ab. Nach einer kurzzeitigen Austenitisierung im Zweiphasengebiet Austenit + Ferrit werden die Karbide in koagulierter Form, also nicht lamellar, an Stellen wieder ausgeschieden, an denen sie in Lösung gegangen sind. Durch die hohe Kohlenstoffkonzentration an den Stellen, an denen die Karbide in Lösung gegangen sind, wird erreicht, daß eine Keimbildung des Zementits praktisch ausschließlich an diesen Punkten erfolgt. In entsprechender Weise erfolgt die Keimbildung des Ferrits an den Stellen, an denen Ferrit in Lösung gegangen und die Kohlenstoffkonzentration niedrig ist. Durch diese örtlich fest-

Abb. 37 Stahl 19 (0,50% C), Einfluß der Umwandlungstemperatur auf die Gefügeausbildung

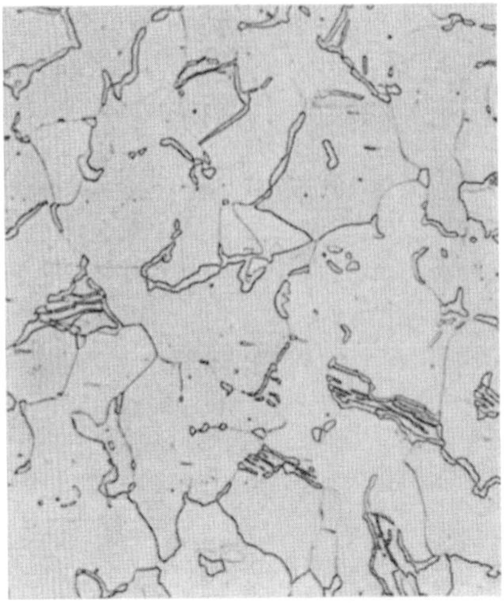

500:1
a) Umwandlungstemperatur 725° C

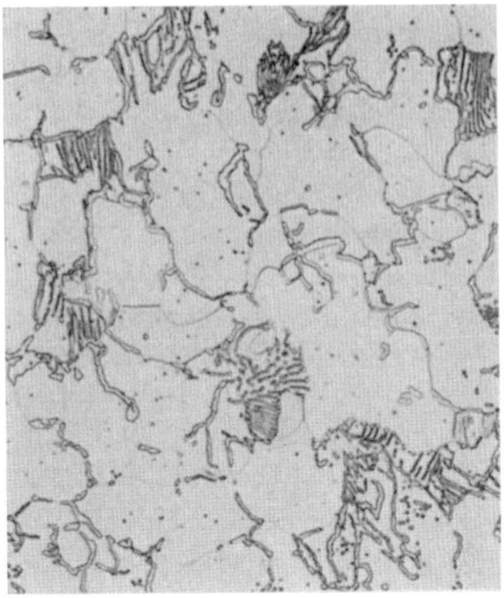

500:1
b) Umwandlungstemperatur 715° C

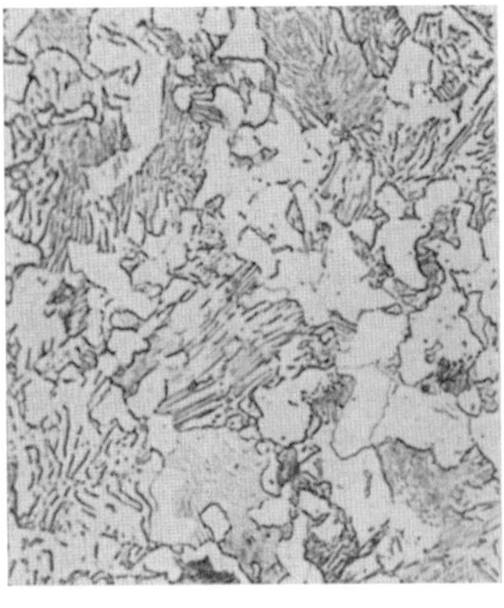

500:1
c) Umwandlungstemperatur 675° C

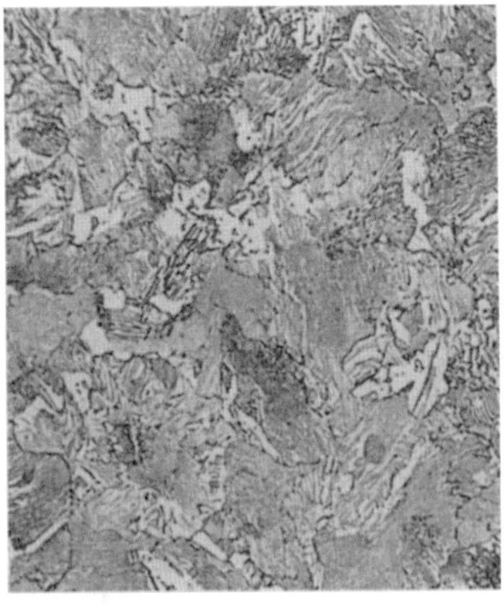

500:1
d) Umwandlungstemperatur 600° C

gelegte Keimbildung von Ferrit und Zementit kann die Koppelreaktion nicht ablaufen. Die Änderung der Gefügeausbildung mit zunehmender Unterkühlung ist für eine Austenitisierungstemperatur von 850° C in Abb. 37 wiedergegeben. Das Gefüge nach einer Umwandlung bei 725° C besteht fast ausschließlich aus Ferrit und freiem Zementit. Diese Gefügeausbildung ist bei kohlenstoffarmen Stählen als Korngrenzenkarbid bekannt. Mit zunehmender Unterkühlung auf 715, 675 und 600° C nimmt neben dem voreutektoidischen Ferrit auch der Gefügeanteil des freien Zementits ab.
Diese Ergebnisse bestätigen, daß die Gefügeentartung in untereutektoidischen Stählen auf die gleichen Ursachen zurückzuführen ist wie die Anomalie in übereutektoidischen Stählen.

c) Der Einfluß des Kohlenstoffgehaltes auf die Entartung des Gefüges

Der Einfluß des Kohlenstoffgehaltes auf die Gefügeausbildung wurde im Konzentrationsbereich von 0,2 bis 1,5% C an den in Tab. 3 aufgeführten Stählen 18–26 untersucht. Für den Vergleich erfolgte die Umwandlung isothermisch 20° C unter Ac_1, da nach Abb. 31 zu erwarten war, daß bei dieser Unterkühlung die einzelnen Einflußgrößen am besten zu trennen sind. Die Austenitisierung erfolgte bei der nach Gleichung 1 errechneten Temperatur sowie bei einer Temperatur kurz unter der Liquiduslinie (vgl. Tab. 3). In Abb. 38 sind die Ergebnisse dargestellt. Auf der Abszisse ist der Kohlenstoffgehalt, auf der Ordinate der Mengenanteil des Ferrits am Gefüge aufgetragen. Diese Ferritmenge ist nur bei den übereutektoidischen Stählen ein *unmittelbares* Maß für die Anomalie. Der eutektoidische Punkt wurde bei 0,8% C angenommen [58]. Die in neueren Arbeiten angegebenen Werte von 0,76 [59] sind nicht gesichert, solange die Temperaturlage der eutektoidischen Geraden noch nicht genau angegeben werden kann [60]. In der Umgebung des dem eutektoidischen Punkt entsprechenden Kohlenstoffgehaltes ist das Gefüge völlig normal. Mit darüber hinaus ansteigendem Kohlenstoffgehalt nimmt der Gefügeanteil des freien Ferrits zu, bis bei etwa 1,55% C die Gerade für die größtmögliche Ferritmenge erreicht wird. Das Gefüge ist vollständig »anomal«. Mit unter den eutektoidischen Punkt abnehmendem Kohlenstoffgehalt ist der Ferritanteil am Gefüge zunächst kleiner als theoretisch zu erwarten ist, steigt dann schnell an und läuft bei kleinen Kohlenstoffgehalten in die Gerade für die größtmögliche Ferritmenge ein. Hier ist das Gefüge ebenso völlig »entartet« wie bei sehr hohen Kohlenstoffgehalten. Die Austenitisierungstemperatur beeinflußt das Bild nicht grundsätzlich. Bei gleichem Kohlenstoffgehalt sind nach der Austenitisierung der hohen Temperatur wie erwartet die Ferritmengen etwas geringer. Um diesen Kurvenverlauf an einem einzigen Gefügeschliff zu überprüfen, wurde eine Probe des Stahles 26 mit 1,52% C in Wasserstoff randentkohlt, bei 1200° C austenitisiert und anschließend bei 715° C umgewandelt. In Abb. 39 sind in Ausschnitten die auftretenden Gefüge dargestellt. Die Gefüge entsprechen dem in Abb. 38 gezeigten Kurvenverlauf. Die Abb. 39a zeigt den Bereich kleiner Kohlenstoffgehalte, der Perlit ist vollständig entartet. Mit steigendem Kohlenstoffgehalt nimmt der Gefügeanteil des freien Karbids ab, das in Abb. 39b zum Teil als Saum

Abb. 38 Einfluß des Kohlenstoffgehaltes auf die Gefügeentartung bei isothermischer Umwandlung 20° C unter Ac_1

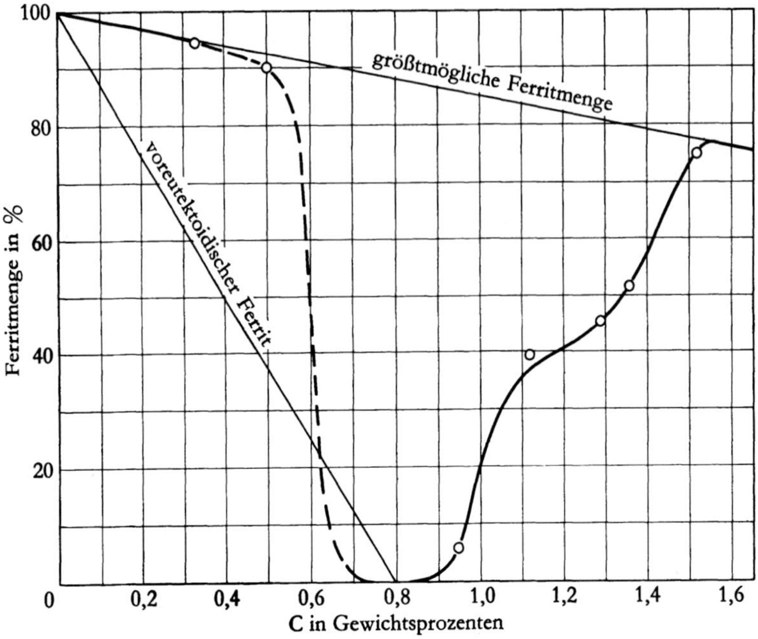

a) Niedrige Austenitisierungstemperatur

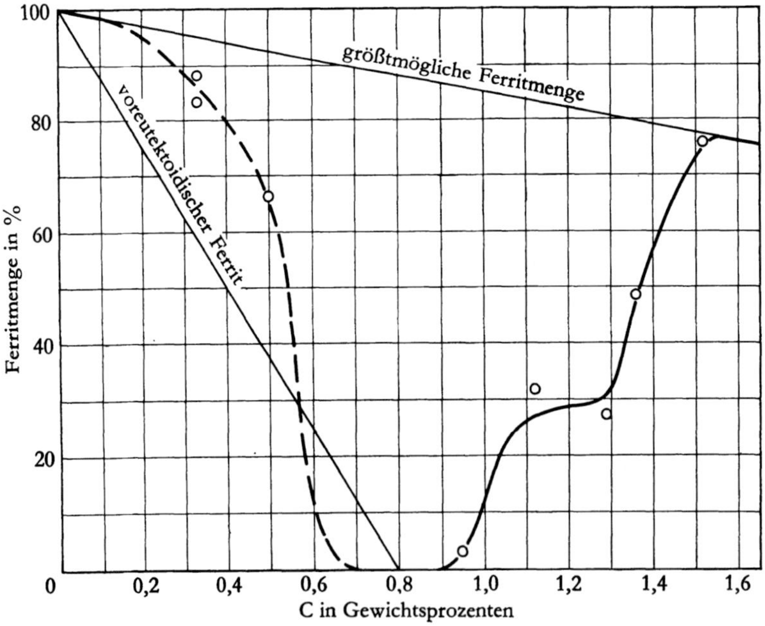

b) Hohe Austenitisierungstemperatur

Abb. 39 Stahl 26 (1,52% C), in Wasserstoff entkohlt
Einfluß des Kohlenstoffgehaltes auf die Gefügeausbildung
Isothermische Umwandlung bei 715° C
Austenitisierung 1200° C, 10 min

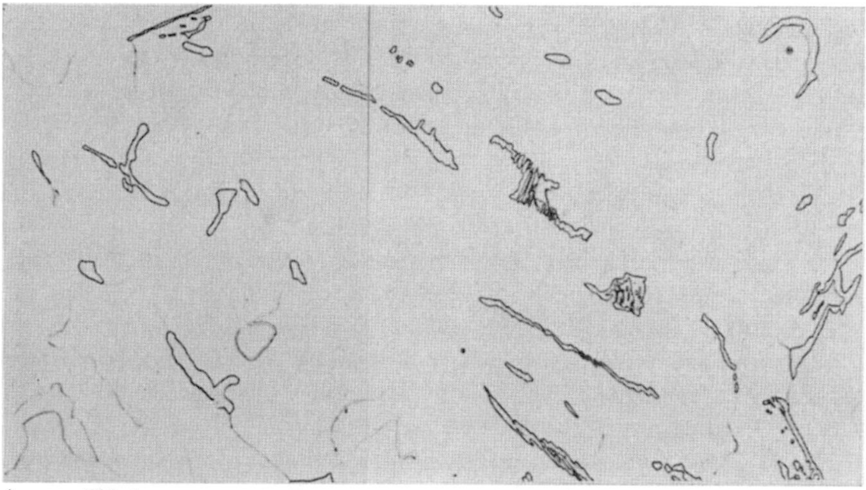

a) 500:1

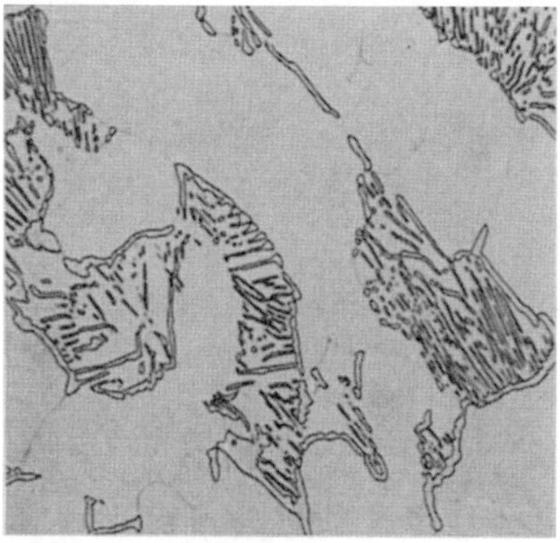

b) 500:1

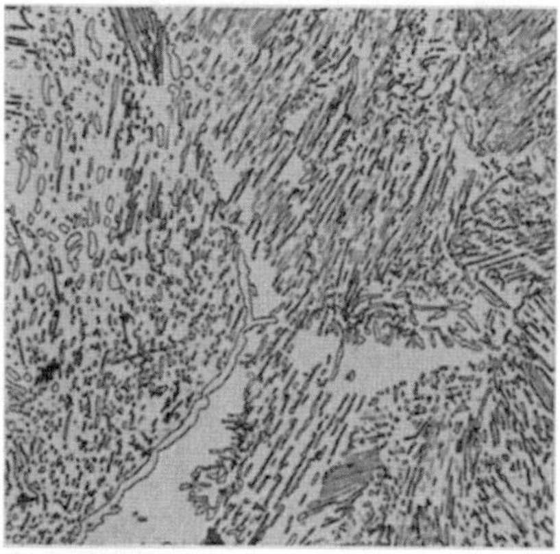

c) 500:1

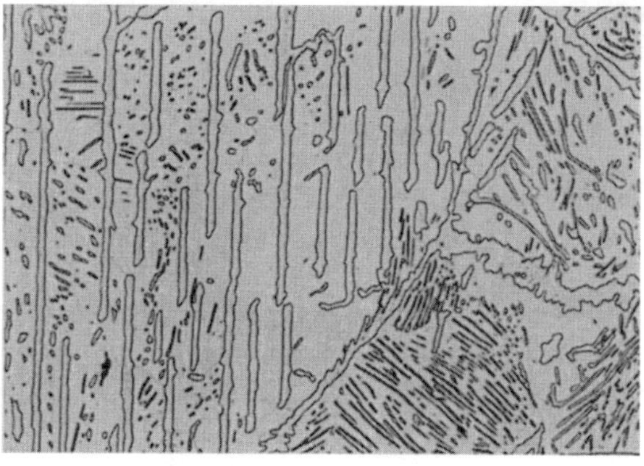

d) 500:1

um den Perlit auftritt. In Abb. 39c ist der Übergang von dem normalen eutektoidischen Bereich zum übereutektoidischen Bereich mit beginnender Anomalie dargestellt. Die Abb. 39d zeigt ein anomales Gefüge bei hohem Kohlenstoffgehalt. Diese an »reinen« Eisen-Kohlenstoff-Legierungen gefundenen Ergebnisse gelten zwar qualitativ allgemein, quantitativ jedoch nur für Legierungen gleicher Erschmelzungsart. Eine in einem CaO-Tiegel erschmolzene Legierung mit 1,14% C zeigte bereits Abweichungen in ihrem Umwandlungsverhalten. Die Ursache hierfür ist in einer unterschiedlichen Menge, Art und Verteilung nichtmetallischer Einschlüsse zu suchen, die die Keimbildungsvorgänge beeinflussen. Metallografisch waren derartige Unterschiede infolge der geringen Gesamtmenge der sichtbaren Verunreinigungen nicht zu erkennen.

Diese Untersuchungen zeigen besonders deutlich, welchen Einfluß der Gefügeanteil der voreutektoidischen Phasen auf die Koppelreaktion der Perlitbildung hat. Der in Abb. 38 gezeigte Kurvenverlauf in der Umgebung der eutektoidischen Zusammensetzung wird verständlich, wenn man bedenkt, daß die Temperaturdifferenz zwischen S und S′ (vgl. Abb. 11) nur etwa 1° C beträgt. Bei der eutektoidischen Zusammensetzung, bei der bei dem gewählten Austenitisierungszustand keine der Phasen durch eine Vorausscheidung in ihrer Keimbildung irgendwie bevorzugt ist, ist eine Umwandlung bei sehr geringer kaum realisierbarer Unterkühlung erforderlich, um die Koppelreaktion zu unterdrücken. Eutektoidische Eisen-Kohlenstoff-Legierungen sind daher bei Wärmebehandlungen in der Praxis stets normal [25, 61]. Die Einsattelung der Kurven im übereutektoidischen Bereich wird durch den Übergang der Ausscheidung des voreutektoidischen Zementits auf den Korngrenzen zu der Ausscheidung in Platten im Korn verursacht.

Über den Einfluß der voreutektoidischen Ausscheidungen auf die Keimbildung des Perlits ist viel diskutiert worden. Es wird heute angenommen, daß der Perlit von den voreutektoidischen Phasen ausgeht, wobei lediglich die Meinungen auseinandergehen, ob der Perlit von beiden oder nur von einer Phase aus angekeimt werden kann [17, 19, 21]. Diesen Annahmen liegt jedoch lediglich die metallografische Beobachtung zugrunde, daß mitunter zwischen den voreutektoidischen Phasen und der entsprechenden Phase des Perlits keine Korngrenze zu erkennen ist. Dies ist jedoch kein Beweis dafür, daß die Phasen kristallografisch identisch sind. Eine eigene Überprüfung der angewandten Ätzverfahren ergab, daß mit zunehmender Ätzzeit noch weitere Korngrenzen sichtbar werden, wenn der Perlit bereits völlig überätzt ist. Aus den in Abb. 38 dargestellten Ergebnissen geht demgegenüber hervor, daß weder die Ausscheidung von Ferrit noch die von Zementit als voreutektoidischer Phase genügt, um die Perlitbildung einzuleiten. Die Entstehung des Perlits wird im Gegenteil durch eine voreutektoidische Ausscheidung erschwert. Wäre nur eine Phase in der Lage, den Perlit anzukeimen, so wäre eine Hofbildung zu erwarten, d. h. die voreutektoidische Ausscheidung wird von einer saumförmigen Ausscheidung der zweiten Phase unterbrochen, von der dann die Bildung des lamellaren Perlits ausgeht [18]. Die in untereutektoidischen Stählen vielfach zu beobachtenden Karbidsäume um den Perlit (vgl. Abb. 37b und 39b) entsprechen nicht einer derartigen Hofbildung. Die Abb. 40 zeigt, daß diese Säume nicht Ausgangspunkt für den Perlit sind, sondern gleichzeitig mit ihm wachsen. Ihre Entstehung beruht lediglich auf einer Anreicherung des Kohlenstoffs im Austenit an der Phasengrenze des voreutektoidischen Ferrits. Diese Karbidsäume sind kennzeichnend für eine beginnende Entartung. Die Abb. 41 zeigt, wie derartige Säume in ein freies Karbid übergehen; eine Erscheinung, die häufig zu beobachten ist. Im oberen Teil des Bildes ist eine normale Perlitkolonie ohne Saum zu sehen.

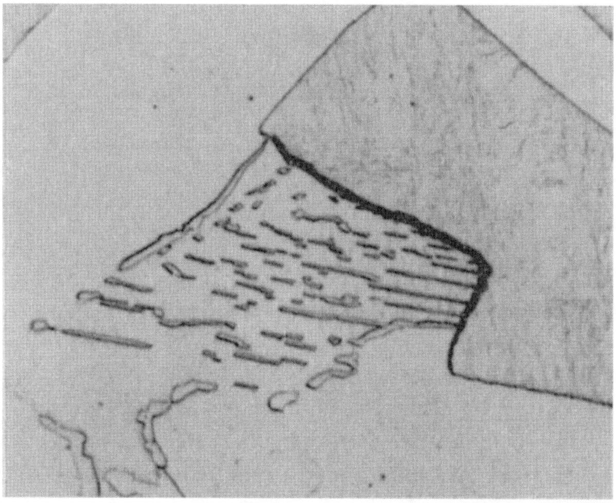

Abb. 40 Stahl 19 (0,50% C), 1300°C, 10 min/715°C, 900 s/H_2O
Entstehung der Karbidsäume um den Perlit, 1500:1

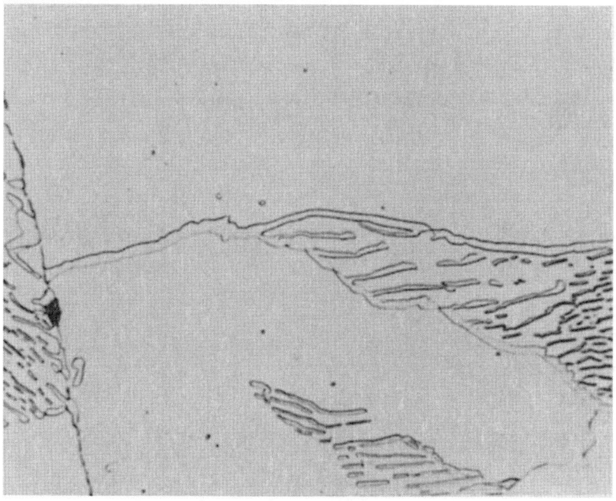

Abb. 41 Stahl 19 (0,50% C), 1300°C, 10 min/725°C
Ausbildung der Karbidsäume um den Perlit, 1500:1

In Abb. 11 sind die Geraden G_p und $G_{\alpha+z}$ parallel gezeichnet. Dies bedeutet, daß der bei der Koppelreaktion gebildete Perlit einen bestimmten größten Lamellenabstand nicht überschreitet. Die Untersuchungen bestätigen, daß die entarteten Gefüge nicht dadurch entstehen, daß mit Annäherung der Umwandlungstemperaturen an die Gleichgewichtstemperatur der Lamellenabstand des Perlits so weit zunimmt, daß er sich dem Abstand der voreutektoidisch ausgeschiedenen Phase angleicht und damit nicht mehr als Perlit erkannt wird. Nach einer Umwandlung nahe der Gleichgewichtstemperatur ist der Perlit, soweit er neben den entarteten Gefügen noch gebildet wird, bis zu den höchsten Umwandlungstemperaturen deutlich an der Lamellenanordnung zu erkennen (vgl. Abb. 34a und 37a). Damit ist die Darstellung in Abb. 11 gerechtfertigt.

2. Die Gefügeentartung reiner Eisen–Kohlenstoff-Legierungen bei kontinuierlicher Abkühlung

Die eingangs dargestellten Überlegungen über den Austenitzerfall bei isothermischer Umwandlung müssen sinngemäß auch für kontinuierliche Abkühlung gültig sein. Es ist jedoch zu beachten, daß die Unterkühlung, bei der die Umwandlung abläuft, nicht unmittelbar festgesetzt werden kann, sondern durch die Abkühlungsgeschwindigkeit und die Zusammensetzung des Stahles, d. h. seine Umwandlungsfähigkeit, bedingt ist. Für den übereutektoidischen Stahl 24 zeigt Abb. 42 den Einfluß der Abkühlungsgeschwindigkeit auf den Gefügeanteil des freien Ferrits nach einer Austenitisierung bei 970° C. Mit zunehmender Abkühlungs-

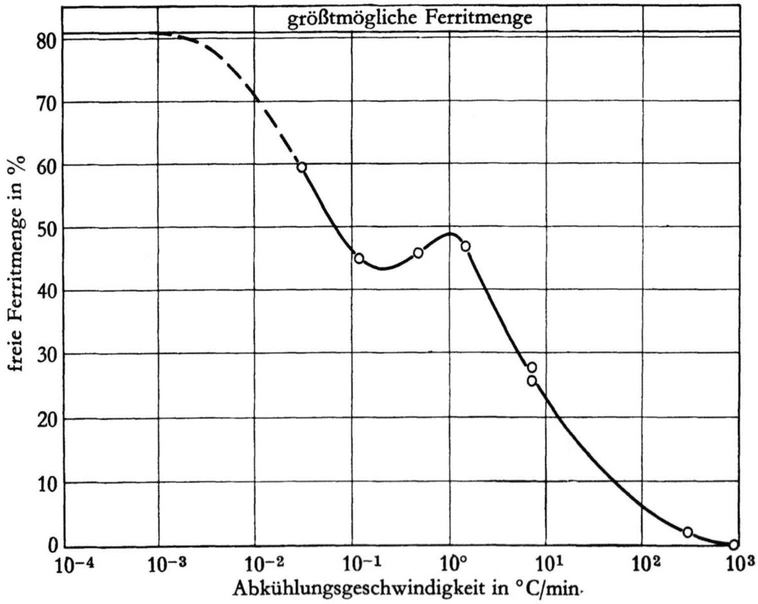

Abb. 42 Stahl 24 (1,29% C), Einfluß der Abkühlungsgeschwindigkeit auf den Gefügeanteil des freien Ferrits

Abb. 43 Stahl 24 (1,29% C), Einfluß der Abkühlungsgeschwindigkeit auf die Gefügeausbildung
Austenitisierung 970° C, 10 min

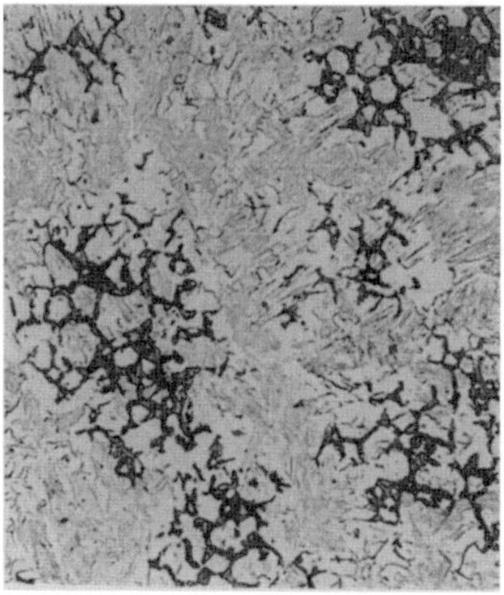

Na-Pikrat 50:1

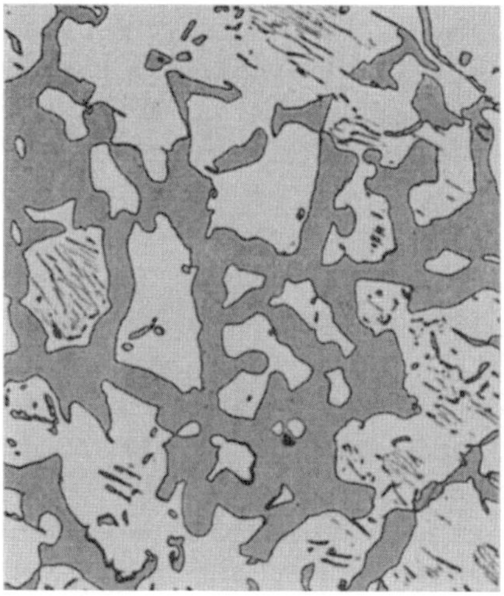

Na-Pikrat 200:1

a) Abkühlungsgeschwindigkeit 0,03° C/min

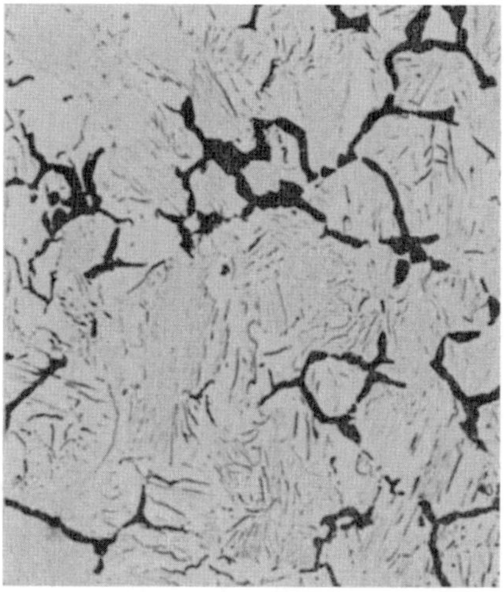

Na-Pikrat 200:1
b) Abkühlungsgeschwindigkeit 1,46° C/min

Na-Pikrat 200:1
c) Abkühlungsgeschwindigkeit 7,1° C/min

geschwindigkeit nimmt die Unterkühlung unter Ac_1, bei der die Umwandlung abläuft, zu und dementsprechend der Ferritanteil am Gefüge ab, wie es nach Abb. 31 zu erwarten war. Bei sehr geringer Abkühlungsgeschwindigkeit läuft die Kurve in die Gerade für die größtmögliche Ferritmenge ein. Die Einsattelung in der Kurve ist auf eine Änderung der Form der voreutektoidischen Zementitausscheidung zurückzuführen. Die Abb. 43a zeigt das Gefüge der mit 0,03° C/min abgekühlten Probe. Die voreutektoidische Zementitausscheidung, hier durch Na-Pikratätzung dunkel gefärbt, geht nur von wenigen Keimen aus, die zu netzartigen Gebilden anwachsen. Innerhalb dieser Zementitnetze ist das Gefüge weitgehend anomal. Mit zunehmender Abkühlungsgeschwindigkeit erfolgt die Zementitausscheidung dann mehr und mehr in der bekannten Form als Korngrenzenzementit (Abb. 43b und c), bis bei hohen Abkühlungsgeschwindigkeiten die voreutektoidische Ausscheidung unterdrückt wird.

Der Einfluß der Austenitisierungstemperatur auf die Gefügeausbildung bei kontinuierlicher Abkühlung entspricht ganz dem in Abb. 33 gezeigten für die isothermische Umwandlung. Bei der kontinuierlichen Abkühlung wirkt neben der mit steigender Austenitisierungstemperatur zunehmenden Homogenisierung des Austenits auch die bei gleicher Abkühlungsgeschwindigkeit zunehmende Unterkühlung der Umwandlung in Richtung auf einen größeren Perlitanteil am Gefüge. Der Einfluß des Kohlenstoffgehaltes auf die Gefügeentartung ist für eine Abkühlungsgeschwindigkeit von 7° C/min in Abb. 44 wiedergegeben. Parameter ist die Austenitisierungstemperatur. Im Bereich der Kohlenstoffgehalte von 0 bis 0,8% C ist der Kurvenverlauf nicht grundsätzlich anders als bei isothermischer Umwandlung. In übereutektoidischen Bereich dagegen laufen die Kurven durch ein Maximum, während sie bei isothermischer Umwandlung in die Gerade für die größtmögliche Ferritmenge einlaufen. Dieses Maximum ergibt sich aus der Überlagerung von zwei gegenläufig wirkenden Einflußgrößen. Mit steigendem Kohlenstoffgehalt sollte im übereutektoidischen Bereich die voreutektoidisch ausgeschiedene Zementitmenge und damit der Gefügeanteil des freien Ferrits zunehmen, wie es Abb. 38 für die isothermische Umwandlung wiedergibt. Bei konstanter Abkühlungsgeschwindigkeit wird aber die voreutektoidische Zementitausscheidung mit bei steigendem Kohlenstoffgehalt zunehmender Menge immer unvollständiger. Damit wird zwangsläufig der Perlit kohlenstoffreicher, die Bedingungen für die Kristallisation des freien Ferrits werden immer ungünstiger, das Gefüge wird normaler. Entsprechend Abb. 42 wurde für einige übereutektoidische Stähle die Abkühlungsgeschwindigkeit auf 0,12° C/min gesenkt. Der Kurvenverlauf nach Abb. 44 wird dadurch nicht grundsätzlich verändert. Bei gleichen Kohlenstoffgehalten ist die Kurve jedoch zu größeren Ferritmengen verschoben.

Diese Ergebnisse zeigen, daß auch bei kontinuierlicher Abkühlung die Gefügeentartung beeinflußt wird durch die Unterkühlung – hier gegeben durch die Abkühlungsgeschwindigkeit und das Umwandlungsverhalten des betreffenden Stahles –, die Austenitisierungstemperatur und den Gefügeanteil der voreutektoidisch ausgeschiedenen Phase.

Abb. 44 Einfluß des Kohlenstoffgehaltes auf die Gefügeentartung bei kontinuierlicher Abkühlung mit 7° C/min

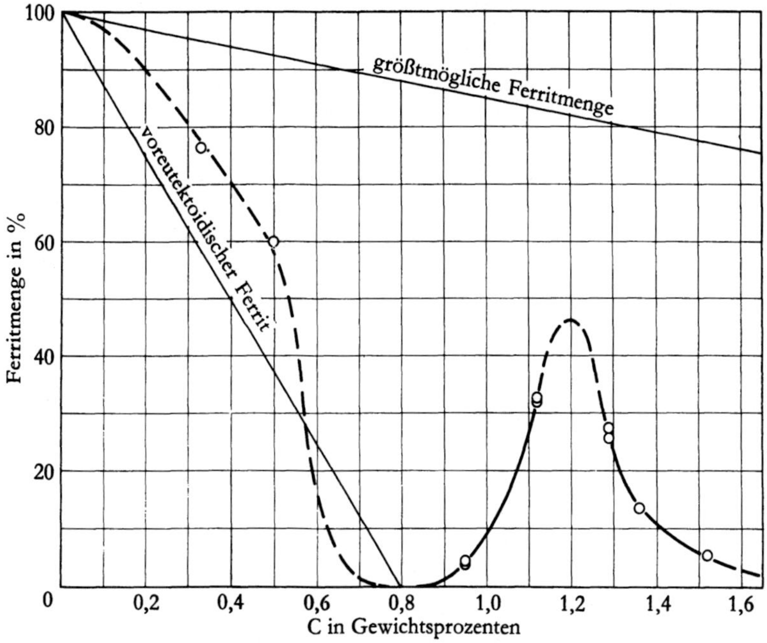

a) Niedrige Austenitisierungstemperatur

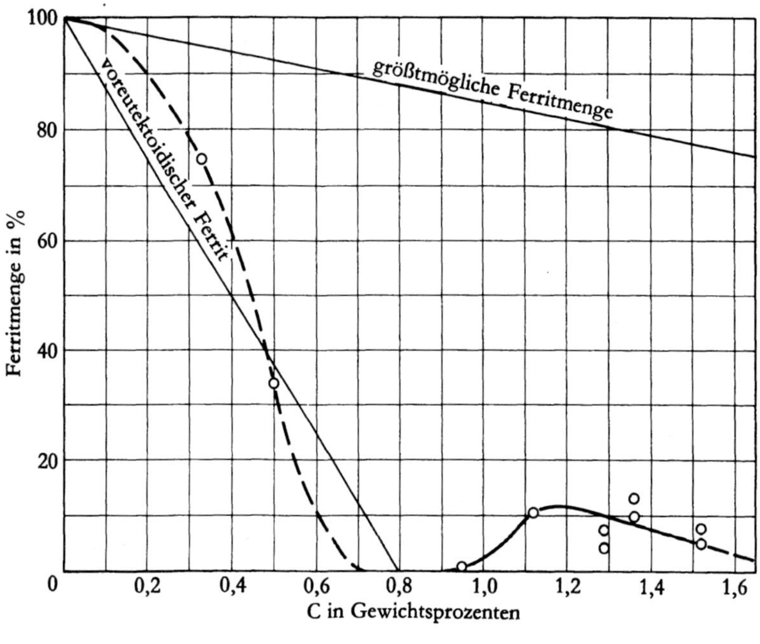

b) Hohe Austenitisierungstemperatur

3. Der Einfluß der Legierungselemente auf die Gefügeentartung

a) Der Einfluß metallischer Elemente

Die Untersuchungen an den legierten Stählen wurden aus den oben erwähnten Gründen nur an übereutektoidischen Legierungen durchgeführt. Der Einfluß der Austenitisierungstemperatur und der Unterkühlung unter Ac_1 wurde nur in Stichproben untersucht. Es ergab sich erwartungsgemäß wie bei den unlegierten Stählen, daß mit zunehmender Homogenisierung des Austenits und zunehmender Unterkühlung unter Ac_1 – dementsprechend auch mit zunehmender Abkühlungsgeschwindigkeit – die Entartung des Gefüges geringer wird. Bei den legierten Stählen wurde ebenfalls gefunden, daß bei sehr kleinen Abkühlungsgeschwindigkeiten die voreutektoidische Karbidausscheidung nicht auf den Korngrenzen sondern entsprechend Abb. 43a in »Nestern« erfolgt, wobei z. T. sehr große einzelne Zementitplatten entstehen.
Für den Vergleich der legierten mit den Kohlenstoff-Stählen wurde die Austenitisierungstemperatur ebenfalls nach Formel 1 berechnet. Die Untersuchungen an den reinen Eisen–Kohlenstoff-Legierungen haben bereits ergeben, daß die voreutektoidische Karbidausscheidung einen wesentlichen Einfluß auf die Gefügeausbildung hat, wobei offensichtlich weniger der absolute Kohlenstoffgehalt als vielmehr der Abstand vom eutektoidischen Punkt und damit die Menge und Form der Karbide entscheidend sind. Die legierten Stähle wurden daher mit reinen Eisen–Kohlenstoff-Legierungen verglichen, die im Gleichgewicht die gleiche Menge an voreutektoidischem Karbid haben. Der Kohlenstoffgehalt dieser Legierungen ist – soweit die Dreistoffsysteme hinreichend genau bekannt sind – in Tab. 4 als »berichtigter Kohlenstoffgehalt« eingetragen. Die Verschiebung des Perlitpunktes durch die Legierungselemente ist damit entsprechend dem Gleichgewicht berücksichtigt. Den Einfluß der Legierungselemente auf die Gefügeentartung nach isothermischer Umwandlung 20° C unter Ac_1 gibt Abb. 45 für die niedrige und die hohe Austenitisierungstemperatur wieder. Auf der Ordinate ist die freie Ferritmenge – als Maß für die Entartung –, auf der Abszisse der Kohlenstoffgehalt aufgetragen. Die ausgezogene Kurve gibt den für die reinen Eisen–Kohlenstoff-Legierungen gefundenen Zusammenhang nach Abb. 38 wieder. Die für die legierten Stähle ermittelten Werte sind als Balken über den »berichtigten Kohlenstoffgehalten« aufgetragen. Die Elemente Nickel, Silizium und Molybdän vergrößern nach isothermischer Umwandlung 20° C unter Ac_1 gegenüber reinen Eisen–Kohlenstoff-Legierungen die Entartung unabhängig von der Austenitisierungstemperatur. Die Nickelstähle erreichen die Gerade für die größtmögliche Ferritmenge. Das Gefüge ist vollständig entartet. Der Einfluß von Bor ist bei kleinen Kohlenstoffgehalten stark abhängig von der Austenitisierungstemperatur. Bei niedriger Austenitisierungstemperatur begünstigt es die Entartung, bei hoher die Perlitbildung. Die Elemente Aluminium, Kobalt und bei hohen Kohlenstoffgehalten Bor begünstigen die Perlitbildung. Der Einfluß des Aluminiums geht nicht über eine Veränderung der Korngröße, da in der untersuchten Schmelze für eine AlN-Bildung nicht genügend Stickstoff vorhanden ist. Lediglich die Stähle mit Mangan und Chrom haben keinen freien Ferrit.

Abb. 45 Einfluß der Legierungselemente auf die Gefügeanomalie nach isothermischer Umwandlung 20° C unter Ac_1

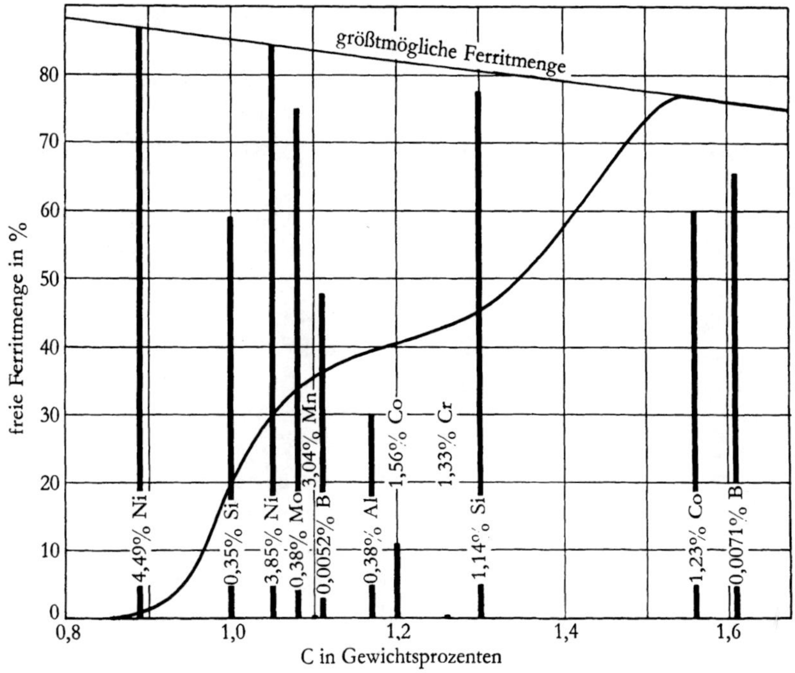

a) Niedrige Austenitisierungstemperatur

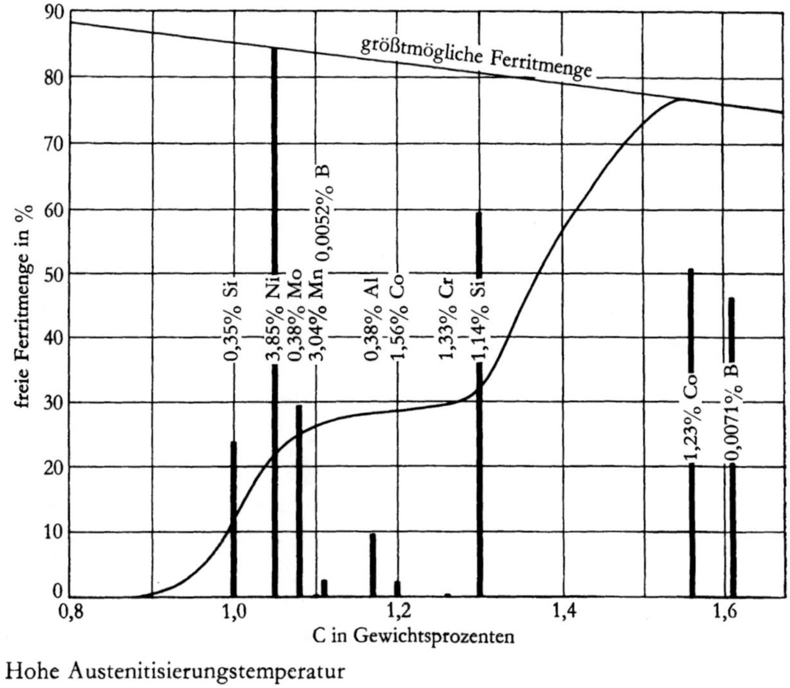

b) Hohe Austenitisierungstemperatur

Dieser für eine isothermische Umwandlung 20° C unter Ac_1 geltende Zusammenhang ändert sich vollständig bei kontinuierlicher Abkühlung. Die Abb. 46 zeigt den Einfluß der Legierungselemente auf die Gefügeausbildung nach einer Abkühlung mit 7° C/min für die niedrige und die hohe Austenitisierungstemperatur. Der Einfluß auf die Unterkühlung der Umwandlung ist so stark, daß lediglich Molybdän und bei hohen Kohlenstoffgehalten Bor die Gefügeentartung unabhängig von der Austenitisierungstemperatur begünstigen. Alle anderen Legierungen haben einen kleineren Gefügeanteil an freiem Ferrit als die reinen Eisen–Kohlenstoff-Legierungen. Ohne freien Ferrit sind neben dem Chrom- und dem Manganstahl bei der hohen Austenitisierungstemperatur der Nickelstahl und der Stahl mit 0,35% Si [2].

Diese Ergebnisse zeigen, daß eine Einteilung der Legierungselemente in Gruppen, die die Perlitbildung begünstigen oder die Gefügeentartung fördern, nur für eine ganz bestimmte Wärmebehandlung möglich ist.

Die Ursache für den sehr unterschiedlichen Einfluß von Nickel und Silizium auf die Gefügeentartung, je nach dem ob kontinuierlich abgekühlt oder isothermisch umgewandelt wurde, ergibt sich aus Abb. 47. Die ausgezogenen Linien geben die Zeiten für Beginn und Ende der eutektischen Umwandlung für übereutektoidische reine Eisen–Kohlenstoff-Legierungen wieder für eine Umwandlungstemperatur 20° C unter Ac_1 und die niedrigen Austenitisierungstemperaturen. Die entsprechenden Werte der legierten Stähle sind als Balken eingezeichnet. Die Änderung der Umwandlungsgeschwindigkeit durch die Elemente Bor, Kobalt, Chrom und Molybdän ist unter diesen Bedingungen nur gering. Die Beschleunigung der Umwandlung durch Kobalt wird wie in technischen Stählen [62] offenbar auch in reinen Fe—C—Co-Legierungen erst bei größeren Unterkühlungen wirksam. Durch die Elemente Mangan, Nickel und Silizium dagegen wird das Ende der Umwandlung sehr stark zu längeren Zeiten verschoben. Diese Verzögerung der Umwandlung führt bei kontinuierlicher Abkühlung zu einer großen Unterkühlung der Umwandlung, wodurch die Gefügeentartung verringert wird. Dieser unterschiedliche Einfluß der Legierungselemente auf die Umwandlungsgeschwindigkeit bei einer Unterkühlung von 20° C unter Ac_1 kann ein unterschiedliches Ausmaß der Diffusion der Elemente bei der Umwandlung zur Ursache haben, wodurch, wie oben beschrieben, auch die Diffusionsgeschwindigkeit des Kohlenstoffs beeinflußt wird. An Hand von Abb. 12 läßt sich dies so beschreiben, daß die Temperaturdifferenz zwischen S′ und S″ je nach Art und Höhe des Legierungsgehaltes der Stähle verschieden ist.

b) Der Einfluß von Sauerstoff und Wasserstoff

Der vieldiskutierte Einfluß des Sauerstoffs [2] wurde an aufgekohlten Proben untersucht. Auf diese Weise war es möglich, bei einem Sauerstoffgehalt von rd. 0,17% noch Kohlenstoffgehalte von rd. 1% zu erreichen. Als Ausgangsmaterial dienten die sauerstoffarme Schmelze 18 sowie die sauerstoffreiche Schmelze 17. Ein Einfluß der Kohlungsgasgemische H_2/CO, H_2/CH_4 oder CO/CO_2 auf die Gefügeausbildung war nicht eindeutig zu erkennen. Bei den eingestellten Kohlen-

Abb. 46 Einfluß der Legierungselemente auf die Gefügeanomalie nach kontinuierlicher Abkühlung mit 7° C/min

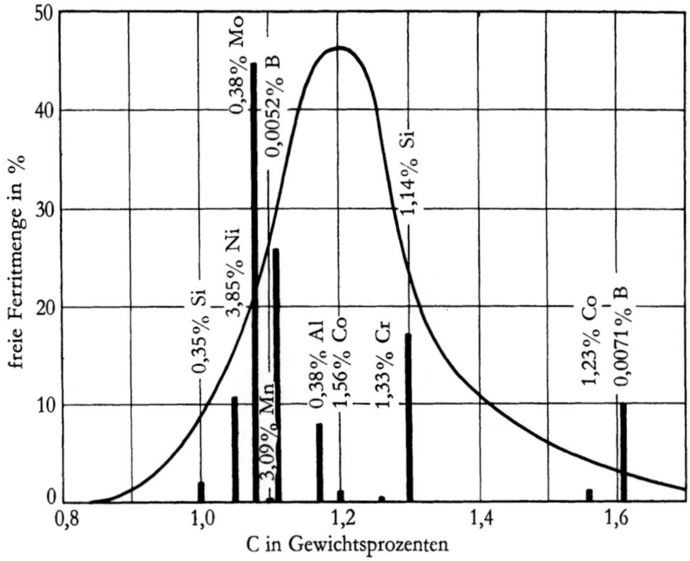

a) Niedrige Austenitisierungstemperatur

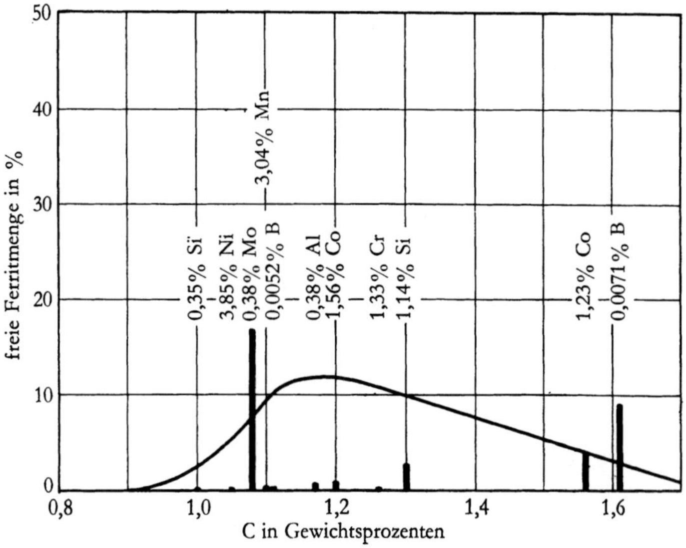

b) Hohe Austenitisierungstemperatur

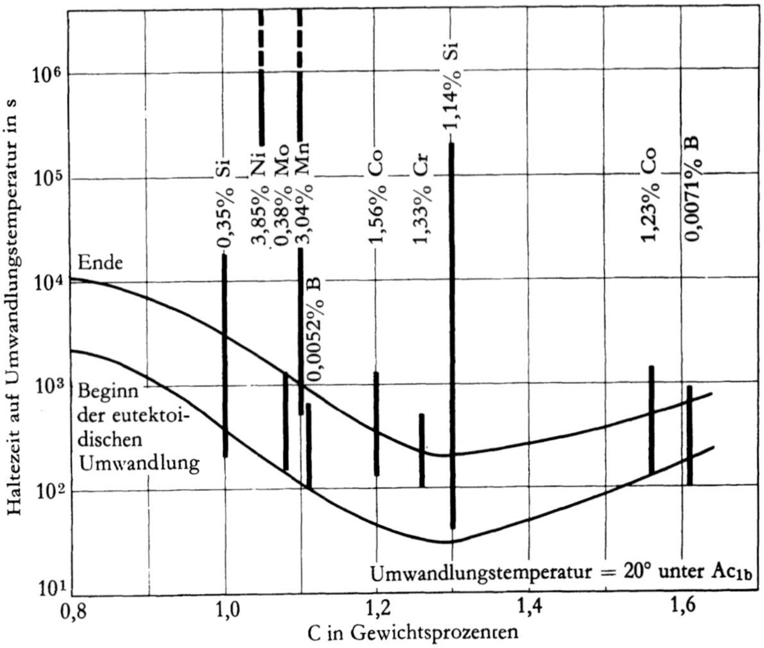

Abb. 47 Einfluß der Legierungselemente auf Beginn und Ende der eutektoidischen Umwandlung

stoffgehalten von 1,1; 1,17 und 1,27% (vgl. Tab. 4) war in den sauerstoffreichen Proben nach isothermischer Umwandlung 20°C unter Ac_1 der Gefügeanteil des freien Ferrits rd. doppelt so groß wie in den sauerstoffarmen Proben. Nach einer kontinuierlichen Abkühlung mit 7°C/min ist die freie Ferritmenge in den sauerstoffarmen Proben nur um etwa 20% niedriger als in den sauerstoffreichen. Hierdurch werden die Ergebnisse von Fischer und Koch [63] sowie von Wiester, Pusch und Hoffmann [2] bestätigt.

In der Literatur wird vielfach berichtet, daß nach einer Aufkohlung in wasserstoffhaltigen Kohlungsmitteln die Gefügeentartung geringer ist als nach einer Aufkohlung in anderen Gasen [2]. Es wird vermutet, daß dies eine Wirkung des bei der Aufkohlung aufgenommenen Wasserstoffs ist. Um dies unabhängig von einer Aufkohlung zu prüfen, wurden Proben des Stahles 24 in trockenem und feuchtem Wasserstoff bei 970°C, der Austenitisierungstemperatur, geglüht und anschließend mit etwa 5°C/min abgekühlt. Es war jedoch kein Einfluß des Wasserstoffs auf Gefügeausbildung und Entartung festzustellen, obwohl die aufgenommenen Wasserstoffgehalte bei 2 cm^3/100 g lagen. Mit H_2/CH_4 aufgekohlte Proben hatten ebenfalls noch entartete Gefüge. In den bisherigen Veröffentlichungen sind leider keine Angaben über den Kohlenstoffgehalt *nach* der Aufkohlung gemacht. Die Gefügebilder lassen jedoch vermuten, daß unter den gewählten Bedingungen der Kohlenstoffgehalt nach der Aufkohlung in wasserstoffhaltigen Gasen niedriger ist, als nach einer Aufkohlung in anderen Gasgemischen, was nach Abb. 44 über den Einfluß voreutektoidisch ausgeschiedenen

Zementits erwarten läßt, daß die Gefügeentartung geringer ist. Die normalisierende Wirkung wasserstoffhaltiger Kohlungsgase ist daher weniger auf den Wasserstoffgehalt, als vielmehr auf den niedrigeren Randkohlenstoffgehalt der Probe zurückzuführen.

c) Der Einfluß der Legierungselemente auf die Ausscheidungsform der Phasen

Neben der Veränderung der Umwandlungsgeschwindigkeit beeinflussen die Legierungselemente die Gefügeentartung auch über eine *Änderung der Ausscheidungsform der Phasen.* Eine entsprechende Erscheinung ist auch bei Nichteisenmetallen [64] bekannt. Eine bei reinen Eisen–Kohlenstoff-Legierungen nicht auftretende Gefügeausbildung zeigen die Nickelstähle. Bei Stahl 28 beginnt die Umwandlung nach einer Austenitisierung bei 930° C und einer Unterkühlung von 50° C unter Ac_1 stets am Rand der Probe und breitet sich dann zum Probeninnern hin aus. Nach der voreutektoidischen Karbidausscheidung wächst Ferrit in den Austenit vor (Abb. 48a). Zwischen einzelnen Ferritkörnern bleiben bandförmige Streifen von Restaustenit zurück, aus denen erst nach langen Umwandlungszeiten Karbid entsteht. Nach einer Umwandlungszeit von $2{,}5 \cdot 10^4$ s besteht das Gefüge aus einer regellosen Verteilung von Karbid in Ferrit. Innerhalb der Karbide liegen vielfach noch Martensitaugen (Abb. 48b). Nach dem Anlassen zeigen die größeren dieser Augen Anlaßgefüge (Abb. 48c). Die Ursache dieser eigenartigen Gefügebildung ist in einer Diffusion des Nickels aus dem Karbid heraus in den umliegenden Austenit zu sehen. Dadurch entstehen um die bereits entstandenen Karbide nickelreiche und somit sehr umwandlungsträge Bereiche. Mit zunehmender Unterkühlung wird das Gefüge dann nach und nach lamellar, wenn auch die Lamellenform der reinen Kohlenstoffstähle nicht erreicht wird. Vielfach sieht das Gefüge bei geringer Vergrößerung stellenweise »lamellar« aus, bei höherer Vergrößerung dagegen erkennt man, daß es sich immer noch um eine völlig regellose Anordnung von Karbiden handelt (Abb. 49). Bei einer isothermischen Umwandlung 50° C unter Ac_1 reicht auch eine Erhöhung der Austenitisierungstemperatur auf 1300° C nicht aus, um eine Bildung von lamellarem Perlit zu erzielen.
Infolge dieser Form der Umwandlung ist ein Weichglühen mit isothermischer Rückumwandlung in der üblichen Form nicht möglich. Bei diesen Stählen ist es günstiger, zunächst in der unteren Perlitstufe umzuwandeln und dann kurz unter A_1 einzuformen.
Einen ähnlichen Gefügeaufbau wie ihn Abb. 48b für den Nickelstahl wiedergibt, zeigt Abb. 50c für den Stahl 30 mit 1,14% Si. Dieses Gefüge entsteht jedoch auf völlig anderem Wege. Nach einer sehr feinen Karbidausscheidung auf den Korngrenzen beginnt die Bildung von lamellarem Perlit (Abb. 50a). Diese Form der Umwandlung wird jedoch durch die Ausscheidung von freiem Ferrit unterbrochen. Die Umwandlungsgeschwindigkeit ist so gering, daß der zunächst gebildete Perlit wieder eingeformt wird (Abb. 50b), so daß nach dem Ende der Umwandlung das Gefüge völlig entartet ist (Abb. 50c). Einen ähnlichen Umwandlungsablauf hat der Manganstahl 34 bei Umwandlungstemperaturen, die weniger als 15° C unter Ac_{1b} liegen. Die Abb. 51 zeigt ein für die Siliziumstähle kenn-

Abb. 48 Stahl 28 (0,94% C; 3,85% Ni), Bildung des Gefüges bei isothermischer Umwandlung bei 630° C
Austenitisierung 930° C, 10 min

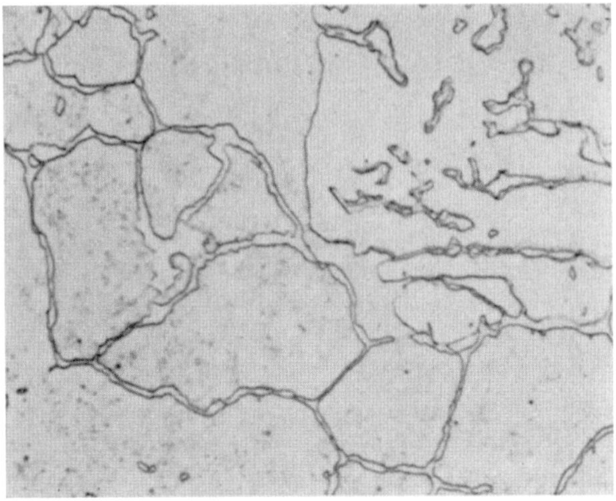

1500:1
a) Haltezeit 10^4 s

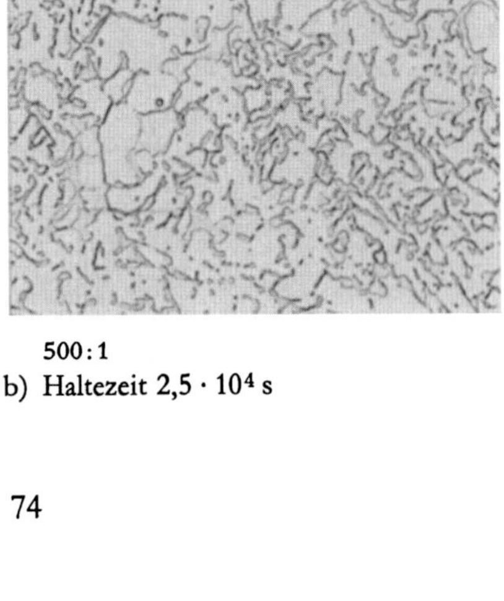

500:1
b) Haltezeit $2{,}5 \cdot 10^4$ s

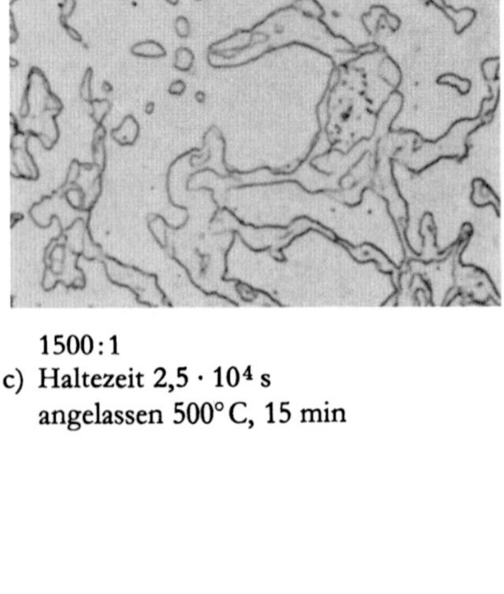

1500:1
c) Haltezeit $2{,}5 \cdot 10^4$ s
angelassen 500° C, 15 min

Abb. 49 Stahl 28 (0,94% C; 3,85% Ni), Gefügeausbildung nach Austenitisierung bei 1300° C
Umwandlung 630° C, 10^4 s/H_2O

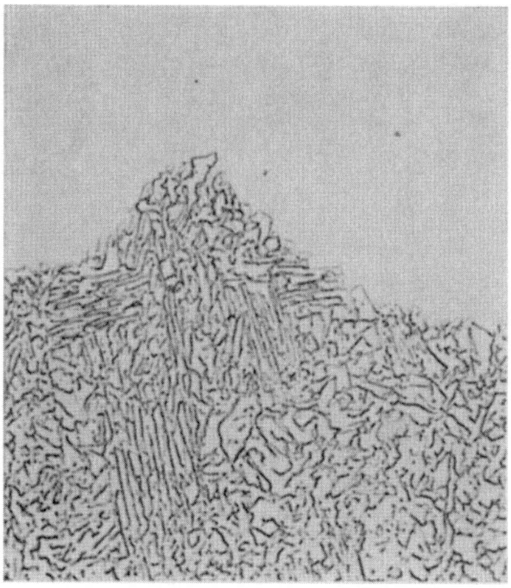

a) 500:1

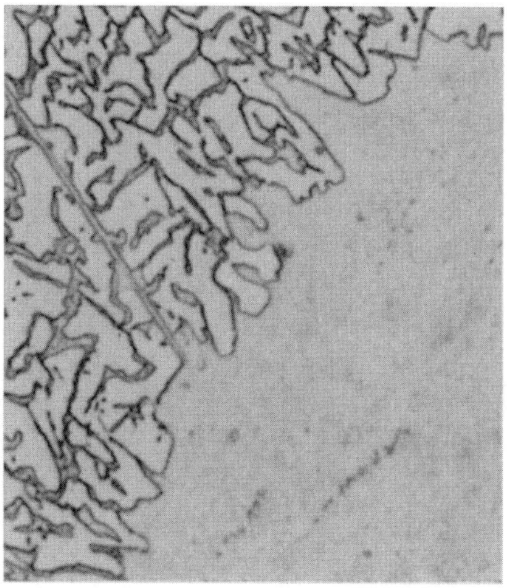

b) 1500:1

Abb. 50 Stahl 30 (1,16% C; 1,14% Si), Ablauf der isothermischen Umwandlung bei 750° C (20° C unter Ac_{1b})
Austenitisierung 970° C, 10 min

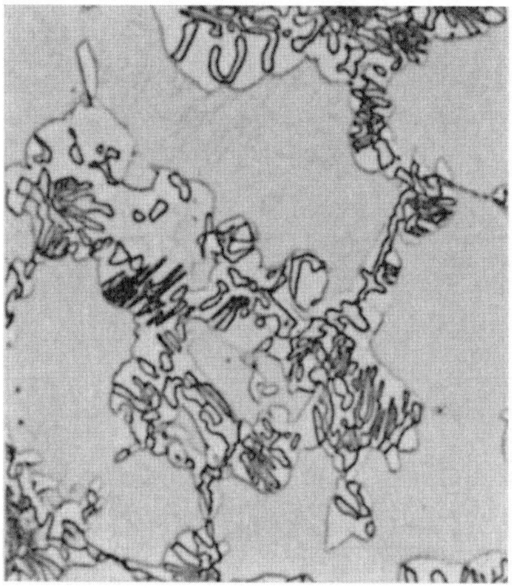

1500:1
a) Haltezeit 10^3 s

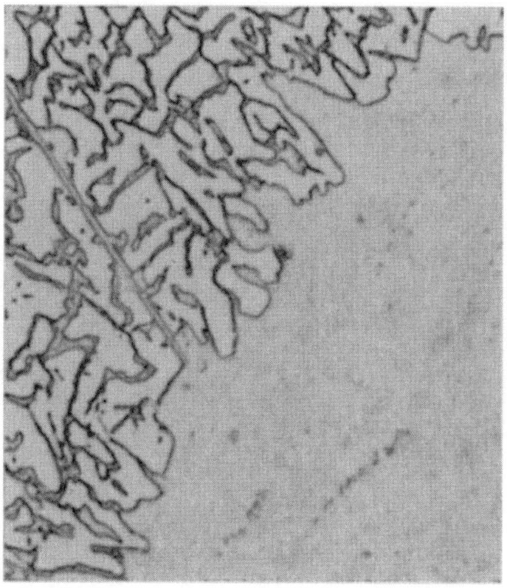

1500:1
b) Haltezeit $1{,}4 \cdot 10^4$ s

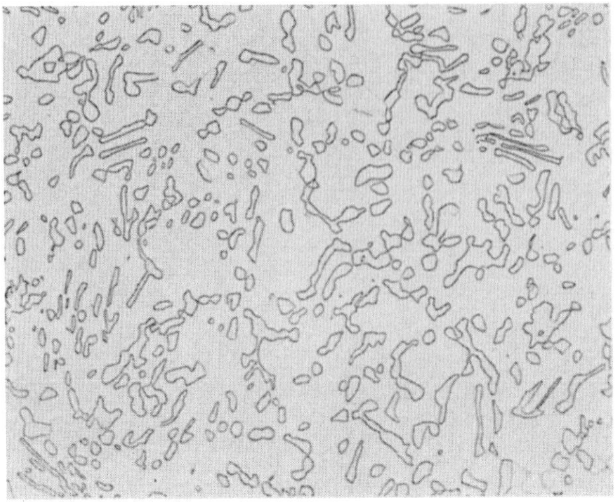

500:1
c) Haltezeit $3{,}2 \cdot 10^5$ s

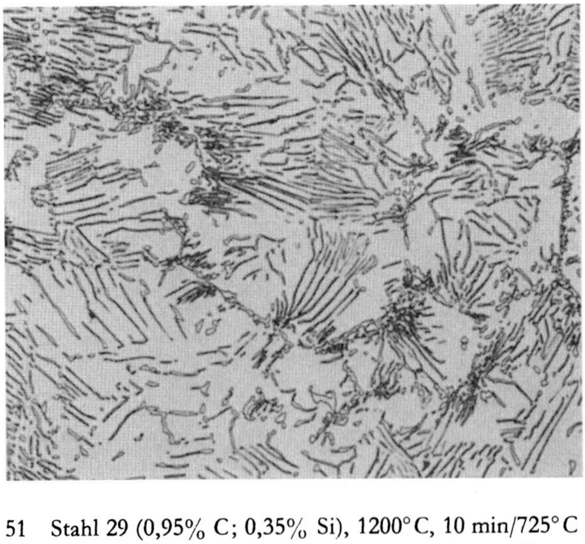

Abb. 51 Stahl 29 (0,95% C; 0,35% Si), 1200°C, 10 min/725°C
Gefügeausbildung nach isothermischer Umwandlung, 200:1

zeichnendes Gefüge, das bei größerer Unterkühlung entsteht, wie es auch bereits von WIESTER, PUSCH und HOFFMANN beschrieben wurde [2]. Der auf den Korngrenzen feinlamellare Perlit wird zum Korninnern hin grober, wo sich vielfach freier Ferrit bildet. Diese Vergrößerung des Lamellenabstandes zum Korninnern hin erfolgt auch bei großer Unterkühlung, wenn sich bereits sehr feinlamellarer Perlit bilden kann.

Ein Vergleich der Abb. 48b und 50c zeigt an einem Extremfall, wie groß der Einfluß der Legierungselemente auf die Kristallisation von Zementit und Ferrit sein kann. Das in Abb. 48b wiedergegebene Gefüge des Nickelstahles ist bei 630° C entstanden bei einer Temperatur, die 120° C niedriger liegt als die, bei der der Siliziumstahl umgewandelt wurde. Nach einer isothermischen Umwandlung bei 630° C zeigen alle anderen untersuchten Legierungen nur noch eine geringe Gefügeentartung. Dies ist eine weitere Bestätigung der eingangs dargelegten Vorstellungen, daß die Begünstigung der Koppelreaktion nicht von der absoluten Umwandlungstemperatur sondern von der Unterkühlung unter A_1 abhängt.

Diese Ergebnisse zeigen, daß einige Legierungselemente bei Umwandlungen nahe A_1 die Ausscheidungsform der Phasen und den Ablauf der Umwandlung gegenüber reinen Eisen-Kohlenstoff-Legierungen verändern. Mit zunehmender Unterkühlung machen sich diese Unterschiede immer weniger bemerkbar.

Der Einfluß der Keimbildung auf die oben beschriebenen Gefügeausbildungen ist nicht immer ohne weiteres deutlich zu erkennen und von den reinen Wachstumsvorgängen abzutrennen. Bei dem Nickelstahl 28 dagegen zeigt sich deutlich, daß die Keimbildung des Ferrits sehr erschwert ist. Nach der voreutektoidischen Karbidausscheidung geht die Umwandlung stets von dem infolge der Wärmebehandlung leicht abgekohlten Rand aus. Erst nach einer Haltezeit von $6 \cdot 10^3$ s setzt dann an einzelnen Stellen die Ferritbildung auch im Innern der Probe ein. Während dieser langen Anlaufzeit kann das Nickel bereits aus dem voreutektoidischen Karbid in den Austenit diffundieren, so daß nach der Ferritbildung die voreutektoidischen Karbide von einem Austenitsaum umgeben sind. Scheiden sich in der Nähe der voreutektoidischen eutektoidische Karbide aus, so entstehen die oben beschriebenen »Augen«.

Für die Gefügeentstehung des Siliziumstahles [30] ist die bevorzugte Keimbildung auf den Korngrenzen in Verbindung mit einer geringen Wachstumsgeschwindigkeit verantwortlich. Da im Korninnern offensichtlich keine Keime gebildet werden, muß die Umwandlung von den Korngrenzen aus das gesamte Volumen erfassen, wodurch die langen Umwandlungszeiten entstehen. Bei den übrigen untersuchten Legierungen ist der Einfluß der Keimbildung auf den Umwandlungsablauf nicht eindeutig zu erkennen.

Bei der Festlegung der Legierungen wurden Elemente ausgewählt, die kennzeichnende Unterschiede in ihrer Wechselwirkung mit dem Eisen und dem Kohlenstoff aufweisen. Diese systematische Auswahl kommt in den Versuchsergebnissen nicht zum Ausdruck. Die Auswertung der Untersuchungen führt lediglich zu einer Beschreibung des Einflusses der einzelnen Elemente unter den gewählten Bedingungen. Ein eindeutiger Zusammenhang zwischen der Wirkung auf die Gefügeentartung und anderen Eigenschaften ist nicht zu erkennen. Nach den vorliegenden Untersuchungen ist ein entscheidender Fortschritt in den Kenntnissen über die Ursachen des Einflusses der Legierungselemente auf das Umwandlungsverhalten erst zu erwarten, wenn es gelingt, die Vorgänge an den Phasengrenzen selbst zu verfolgen.

E. Zusammenfassung

Sind bei einer gegebenen Umwandlungstemperatur zwei Gefügeausbildungen möglich, so kann durch Veränderung des Keimzustandes des Austenits eine der beiden Anordnungen begünstigt werden, so daß die andere u. U. nicht in Erscheinung tritt.

Für den WIDMANNSTÄTTEN-Ferrit konnte gezeigt werden, daß seine Bildung erst von einer bestimmten Unterkühlung unter A_3 an möglich ist. Wird jedoch durch eine geeignete Austenitisierung erreicht, daß die Keimbildungsgeschwindigkeit des körnigen Ferrits sehr groß ist, so entsteht kein WIDMANNSTÄTTEN-Ferrit, da die Ferritausscheidung bereits beendet ist, bevor die Bildung des WIDMANNSTÄTTEN-Ferrits begonnen hat. Die Bildung der Ferritplatten erfolgt in gleicher Weise wie die Bildung des Zwischenstufenferrits, die über einen Umklappmechanismus entstandenen Keime wachsen kohärent. Die Frage nach den mechanischen Eigenschaften von Gefügen mit WIDMANNSTÄTTEN-Ferrit konnte nur dahingehend beantwortet werden, daß derartige Gefüge auf eine Umwandlung nach großer Unterkühlung hinweisen und daher mit einer Verschlechterung der Zähigkeit gegenüber Gefügen des gleichen Stahles mit körnigem Ferrit zu rechnen ist.

Die sogenannten anomalen und entarteten Gefüge sind eine gleichgewichtsähnliche Verteilung der Phasen Ferrit und Karbid. Der Perlit dagegen kann erst von einer bestimmten Unterkühlung an gebildet werden. Er entsteht durch eine Koppelreaktion, die annähernd gleiche Keimbildungs- und Wachstumsgeschwindigkeit für Ferrit und Karbid erfordert. Wird die Keimbildung einer dieser beiden Phasen gegenüber der anderen durch Inhomogenität des Austenits oder durch eine bereits vorausgeschiedene Phase begünstigt, so wird die Perlitbildung zu Gunsten der anomalen Gefügeausbildung zurückgedrängt. Die Legierungselemente verändern neben der Unterkühlung, bei der erstmals die Perlitbildung möglich ist, auch die Ausscheidungsform und die Keimbildungsgeschwindigkeit der Phasen. Diese Einflußgrößen überlagern sich so, daß ein Legierungselement je nach der Wärmebehandlung die Perlitbildung einmal fördert und einmal behindert. Obwohl die Legierungselemente systematisch ausgewählt wurden, ergab sich kein Zusammenhang mit den bisher bekannten Eigenschaften.

Diese Untersuchungen über die Gefügebesonderheiten entarteter Gefüge und des WIDMANNSTÄTTEN-Ferrits ergeben zusammen mit den Arbeiten von MEHL und Mitarbeitern über die Bildung des Perlits und des voreutektoidischen Ferrits ein geschlossenes Bild über die Umwandlung des Austenits in der Perlitstufe.

Prof. Dr. phil. ADOLF ROSE
Dr.-Ing. HANS PAUL HOUGARDY
Dr.-Ing. ALBERT KLEIN

Literaturverzeichnis

[1] Dubé, C. A., H. J. Aaronson und R. F. Mehl: Rev. Métallurg., Mém., 55 (1958), S. 201–210.

[2] Wiester, H. J., R. Pusch und M. Hoffmann: Arch. Eisenhüttenwes. 31 (1960), S. 731–747.

[3] Smith, G. V., und R. F. Mehl: Metals Technology 9 (1942), Nr. 3, T. P. 1459.

[4] Turnbull, D.: »Phase changes«, in: Solid state Physics, Vol. 3, New York 1956.

[5] Dehlinger, U.: Theoretische Metallkunde, Springer 1955.

[6] Aaronson, H. J.: Effects of nucleation site upon precipitate morphology, in: The Mechanism of Phase Transformation in Metals. Institute of Metals, monograph and report series No. 18, London 1956.

[7] Rose, A.: Demnächst.

[8] Mehl, R. F.: J. Iron Steel Inst. 159 (1948), S. 113–129.

[9] Schützenhofer, V.: Bl. Technikgesch. 9 (1947), S. 34–44.

[10] Schreibers, C. v.: Beiträge zur Geschichte und Kenntnis meteoritischer Stein- und Metallmassen, Wien 1820.

[11] Belaiew, N. T., und D. Seférian: Proc. 12th Intern. Congr. Acetylene, Oxy-Acetylene Weld. and Allied Ind., London 1936, Bd. III, S. 567–576.

[12] Ellis, O. W.: Trans. Amer. Soc. Metals 22 (1934), S. 139–187.

[13] Belaiew, N. T.: Kristallisation, Struktur und Eigenschaften des Stahles bei langsamer Abkühlung, Petersburg 1909.

[14] Tewes, K.: Die Schweißnaht unter dem Mikroskop. Rheinmetall-Borsig AG, Ddf., Nr. 768.

[15] Mehl, R. F., C. S. Barret und D. W. Smith: Trans. AIME Iron and Steel Div. 105 (1933), S. 215–258. Mehl R. F. und D. W. Smith: Trans. AIME 113 (1934) S. 203/10.

[16] Houdremont, E., und O. Krisement: Archiv Eisenhüttenwesen 24 (1953), S. 53–68.

[17] Mehl, R. F., und W. C. Hagel: »The austenite: pearlite reaction«, in Progress in Metal Physics 6 (1956), S. 74–134.

[18] Scheil, E.: Z. Metallkde. 45 (1954), S. 298–309. – Scheil, E., und A. H. Paksad: Z. Metallkde. 50 (1959), S. 582–587.

[19] Hillert, M.: Värmländska Bergmannaföreningens Annaler 1958. – Hultgren, A., und H. Öhlin: Jernkont. Ann. 144 (1960), S. 356–391.

[20] Krisement, O.: Arch. Eisenhüttenwes. 26 (1955), S. 55–57.

[21] Mehl, R. F., und A. Dubé: »The eutectoid reaction«, in: Phase Transformation in Solids, London 1951.

[22] Ehn, E. W.: J. Iron Steel Inst. 105 (1922), S. 157–200. – McQuaid, W. H., und E. W. Ehn: Trans. AIME 67 (1922), S. 341–391. – Ehn, E. W.: Trans. Amer. Soc. Steel Treating 2 (1922), S. 1177–1202. – Ehn, E. W.: Iron Age 109 (1922), S. 1807/08.

[23] McQuaid, H. W.: Trans. Amer. Soc. Metals 23 (1935), S. 797–838.

[24] Derge, G., A. R. Kommel und R. F. Mehl: Trans. Amer. Soc. Metals 26 (1938), S. 153–172. – Pawel, R. E., E. E. Stansbury und A. des Brasunas: Metall. Div. Chem. Eng. Dep. Univ. Tennessee 1954.

[25] Duftschmid, F., und E. Houdremont: Stahl u. Eisen 51 (1931), S. 1613–1616. – Iwasé, K., und M. Homma: Sci. Rep. Res. Inst. Tohoku Univ. Ser. A 1 (1949), S. 95–100.

[26] Arnold, J. O., und A. McWilliams: J. Iron Steel Inst. 61 (1901), S. 120–181. – Arnold, J. O., und A. McWilliams: J. Iron Steel Inst. 68 (1905), S. 27–83.

[27] Pomp, A., und E. Holweg: Mitt. K.-Wilh.-Inst. Eisenforschg. 8 (1931), S. 1–28. – Buchholtz, H., R. Pusch und K. Linden: Stahl u. Eisen 59 (1939), S. 331–338. – Morillon, Y., D. Lajeunesse und J. Plateau: Rev. Métallurg., Mém., 56 (1959), S. 595–608.

[28] Dehlinger, U., und H. Franz: Z. Metallkde. 48 (1957), S. 176–180.

[29] Houdremont, E., W. Koch und H. J. Wiester: Arch. Eisenhüttenwes. 18 1944/45), S. 147–154. – Wever, F., und W. Koch: Stahl u. Eisen 74 (1954), S. 989–1000.

[30] Picklesimer, M. L., D. L. McElroy, T. M. Kegley, E. E. Stansbury und J. H. Frye: Trans. metallurg. Soc. AIME 218 (1960), S. 473–480.

[31] Hultgren, A., und Mitarbeiter: Kungl. Svenska Vetenskapsakademiens Handlingar, Ser. 4, Bd. 4, Nr. 3, Stockholm 1953.

[32] Ham, J. L., R. M. Parke und A. J. Herzig: Trans. Amer. Soc. Metals 31 (1943), S. 877–901.

[33] Wells, C., W. Batz und R. F. Mehl: J. Metals 2 (1950), S. 553–560.

[34] Stanley, J. K.: J. Metals 1 (1949), S. 752–761.

[35] Ham, J. L.: Trans. Amer. Soc. Metals 35 (1945), S. 331–361. – Mead, H. W., und C. E. Birchenall: J. Metals 8 (1956), S. 1336–1339. – Leymonie, C., P. Lacombe und C. Libatani: C. R. hebd. Séances Acad. Sci. 245 (1957), S. 1922–1925. – Borg, R. J., und C. E. Birchenall: Trans. metallurg. Soc. AIME 218 (1960), S. 980–984. – Buffington, F. S., K. Hirano und M. Cohen: Acta Metallurgica 9 (1961), S. 434–439.

[36] Steiner, W., und O. Krisement: Arch. Eisenhüttenwes. 30 (1959), S. 637–640.

[37] Seith, W., und F. Bartschat: Z. Metallkde. 34 (1942), S. 125–130.

[38] Wells, C., und R. F. Mehl: Trans. AIME 140 (1940), S. 279–306.

[39] Blanter, M. E.: J. technitscheskoi Fisiki 20 (1950), S. 1001–1004, nach Chem. Zbl. 122 (1951), II, S. 1253.

[40] Wert, C. A.: J. Metals 4 (1952), S. 602/03.

[41] Hawkes, M. F., und R. F. Mehl: Metals Technology 14 (1947), T. P. 2211.

[42] Darken, L. S.: Metals Technology 15 (1948), T. P. 2311. – Seith, W., und H. Wever: Z. Elektroch. u. Phys. Chem. 55 (1951), S. 380–384.

[43] Neumann, F., H. Schenck und W. Patterson: Gießerei, techn.-wiss. Beih., 1959, S. 1217–1246. – Neumann, F., und H. Schenck: Arch. Eisenhüttenwes. 30 (1959), S. 477–483. – Schenck, H., und H. Kaiser: Arch. Eisenhüttenwes. 31 (1960), S. 227–235.

[44] Darken, L. S.: Metals Technology 15 (1948), T. P. 2443.

[45] Rose, A., H. P. Hougardy und S. Takaishi: Arch. Eisenhüttenwes. 35 (1964), S. 209/220.

[46] Heckel, R. W., und H. W. Paxton: Trans. metallurg. Soc. AIME 218 (1960), S. 799–809.

[47] Smoluchowski, R.: Phys. Rev. 63 (1943), S. 438–440.

[48] Hull, F. C., R. A. Colton und R. F. Mehl: Metals Technology 9 (1942), T. P. 1460. – Ling, L., C. Min-Wei, C. Ching-Chi und M. Yong-Tse: Acta Metallurgica Sinica 2 (1957), S. 59–68.

[49] PARCEL, R. W., und R. F. MEHL: J. Metals 4 (1952), S. 771–780.
[50] SHYNE, J. C., E. R. MORGAN und D. N. FREY: Trans. Amer. Soc. Metals 48 (1956), S. 265–278.
[51] Atlas zur Wärmebehandlung der Stähle. Herausgegeben vom Max-Planck-Institut für Eisenforschung in Zusammenarbeit mit dem Werkstoffausschuß des Vereins Deutscher Eisenhüttenleute von F. WEVER, A. ROSE, W. PETER, W. STRASSBURG und L. RADEMACHER. Stahleisen 1958.
[52] SIMCOE, C. R., A. R. ELSEA und G. K. MANNING: J. Metals 7 (1955), S. 193–200. – NICHOLSON, M. E.: J. Metals 8 (1956), S. 551–553.
[53] GAT, J. D.: Trans. Amer. Soc. Steel Treating 12 (1927), S. 376–435. – WASMUTH, R., und P. OBERHOFFER: Stahl u. Eisen 49 (1929), S. 74–77 und 147.
[54] SCHUMANN, H.: Metallographie, Fachbuchverlag Leipzig 1962. – FREUND, H.: Handb. der Mikroskopie in der Technik, Umschau-Verl. 1960. – SCHRADER, A.: Ätzheft, Berlin 1957. – BECKERT, M., und H. KLEMM: Handbuch der metallographischen Ätzverfahren, Leipzig 1962.
[55] HAGEL, W. C., G. M. POUND und R. F. MEHL: Acta Metallurgica 4 (1956), S. 37–46.
[56] PAYSON, P., W. L. HODAPP und J. LEEDER: Trans. Amer. Soc. Metals 28 (1940), S. 306–332. – ROBERTS, G. E., und R. F. MEHL: Trans. AIME 154 (1943), S. 318–334.
[57] DAVENPORT, E. S., und E. C. BAIN: Trans. Amer. Soc. Steel Treating 22 (1934), S. 879–925.
[58] SCHEIL, E.: Arch. Eisenhüttenwes. 25 (1954), S. 315–319.
[59] SMITH, R. P.: Trans. metallurg. Soc. AIME 215 (1959), S. 954–957. – SCHEIL, E., T. SCHMIDT und J. WÜNNING: Arch. Eisenhüttenwes. 32 (1961), S. 251–260.
[60] SMITH, R. P., und L. S. DARKEN: Trans. metallurg. Soc. AIME 215 (1959), S. 727/28.
[61] BROPHY, G. R., und E. R. PARKER: Trans. Amer. Soc. Metals 25 (1937), S. 315–324. – DIGGES, T. G.: Trans. Amer. Soc. Metals 30 (1942), S. 287–312. – PAWEL, R. E., E. E. STANSBURY und A. DES BRASUNAS: Metall. Div. Chem. Eng. Dep. Univ. Tennessee 1954.
[62] DAVENPORT, E. S.: Trans. Amer. Soc. Metals 27 (1939), S. 837–886.
[63] FISCHER, W. A., und W. KOCH: Arch. Eisenhüttenwes. 20 (1951), S. 345–354.
[64] LÖHBERG, K.: Z. Metallkde. 45 (1954), S. 656–658.
[65] HANEMANN, H., und A. SCHRADER: Atlas Metallographicus, Berlin 1933.
[66] ROSE, A., und A. KLEIN: Stahl und Eisen 79 (1959), S. 1901–1912.
[67] ROSE, A., und H. P. HOUGARDY: Arch. Eisenhüttenwes. 34 (1963), S. 259–267.
[68] ROSE, A., und H. P. HOUGARDY: Arch. Eisenhüttenwes. 34 (1963), S. 369–376.

FORSCHUNGSBERICHTE DES LANDES NORDRHEIN-WESTFALEN

Herausgegeben im Auftrage des Ministerpräsidenten Dr. Franz Meyers
von Staatssekretär Prof. Dr. h. c. Dr.-Ing. E. h. Leo Brandt

HÜTTENWESEN · WERKSTOFFKUNDE

HEFT 4
Prof. Dr. med. Erich A. Müller und Dipl.-Ing. H. Spitzer, Max-Planck-Institut für Arbeitsphysiologie, Dortmund
Untersuchungen über die Hitzebelastung in Hüttenbetrieben
1952. 20 Seiten, 5 Abb., 1 Tabelle. DM 9,—

HEFT 48
Max-Planck-Institut für Eisenforschung, Düsseldorf
Spektrochemische Analyse der Gefügebestandteile in Stählen nach ihrer Isolierung
1953. 31 Seiten, 12 Abb., 5 Tabellen. DM 7,80

HEFT 49
Max-Planck-Institut für Eisenforschung, Düsseldorf
Untersuchungen über Ablauf der Desoxydation und die Bildung von Einschlüssen in Stählen
1953. 45 Seiten, 19 Abb., 3 Tabellen. Vergriffen

HEFT 50
Max-Planck-Institut für Eisenforschung, Düsseldorf
Flammenspektralanalytische Untersuchung der Ferritzusammensetzung in Stählen
1953. 34 Seiten, 15 Abb., 4 Tabellen. DM 8,60

HEFT 74
Max-Planck-Institut für Eisenforschung, Düsseldorf
Versuche zur Klärung des Umwandlungsverhaltens eines sonderkarbidbildenden Chromstahls
1954. 48 Seiten, 10 Abb. DM 14,—

HEFT 75
Max-Planck-Institut für Eisenforschung, Düsseldorf
Zeit-Temperatur-Umwandlungs-Schaubilder als Grundlage der Wärmebehandlung der Stähle
1954. 34 Seiten, 13 Abb. DM 8,70

HEFT 89
Verein Deutscher Ingenieure, Gleitlagerforschung, Düsseldorf, und Prof. Dr.-Ing. G. Vogelpohl, Göttingen
Versuche mit Preßstoff-Lagern für Walzwerke
1954. 57 Seiten, 34 Abb. DM 14,10

HEFT 96
Dr.-Ing. Paul Koch, Dortmund
Austritt von Exoelektronen aus Metalloberflächen unter Berücksichtigung der Verwendung des Effektes für die Materialprüfung
1954. 21 Seiten, 13 Abb. DM 7,—

HEFT 105
Dr.-Ing. Robert Meldau, Harsewinkel/Westf.
Auswertung von Gekörn – Analysen des Musterstaubes »Flugasche Fortuna I«
1955. 28 Seiten, 14 Abb. DM 8,50

HEFT 132
Prof. Dr. phil. nat. W. Seith, Münster
Über Diffusionserscheinungen in festen Metallen
1955. 27 Seiten, 19 Abb., 4 Tabellen. DM 9,10

HEFT 143
Prof. Dr. phil. Franz Wever, Dr. phil. Adolf Rose und Dipl.-Ing. W. Straßburg, Max-Planck-Institut für Eisenforschung, Düsseldorf
Härtbarkeit und Umwandlungsverhalten der Stähle
1955. 33 Seiten, 12 Abb., 3 Tabellen. DM 10,70

HEFT 153
Prof. Dr.phil. Franz Wever, Dr.-Ing. Wilhelm Anton Fischer und Dipl.-Ing. J. Engelbrecht, Düsseldorf
I. Die Reduktion sauerstoffhaltiger Eisenschmelzen im Hochvakuum mit Wasserstoff und Kohlenstoff
II. Einfluß geringer Sauerstoffgehalte auf das Gefüge und Alterungsverhalten von Reineisen
1955. 42 Seiten, 15 Abb., 2 Tabellen. DM 12,40

HEFT 154
Prof. Dr.-Ing. P. Bardenheuer und Dr.-Ing. Wilhelm Anton Fischer, Düsseldorf
Die Verschlackung von Titan aus Stahlschmelzen im sauren und basischen Hochfrequenzofen unter verschiedenen Schlacken
1955. 23 Seiten, 10 Abb., 1 Tabelle. DM 7,95

HEFT 162

Prof. Dr. phil. Franz Wever, Prof. Dr. rer. techn. Albert Kochendörfer und Dr.-Ing. Chr. Rohrbach, Max-Planck-Institut für Eisenforschung, Düsseldorf

Kennzeichnung der Sprödbruchneigung von Stählen durch Messung der Fließspannung, Reißspannung und Brucheinschnürung an dreiachsig beanspruchten Proben

1955. 46 Seiten, 26 Abb. DM 13,—

HEFT 170

Prof. Dr. phil. Franz Wever, Dr. phil. Adolf Rose und Dipl.-Ing. L. Rademacher, Max-Planck-Institut für Eisenforschung, Düsseldorf

Anwendung der Umwandlungsschaubilder auf Fragen der Werkstoffauswahl beim Schweißen und Flammhärten

1955. 51 Seiten, 25 Abb. DM 13,70

HEFT 205

Dr. Carl Schaarwächter, Laboratorium für Rostschutz und Oberflächentechnik, Düsseldorf

Über plastische Kupfer-Eisen-Phosphor-Legierungen

1956. 25 Seiten, 10 Abb., 10 Tabellen. DM 8,30

HEFT 227

Prof. Dr. phil. Franz Wever und Dr. Wolfgang Wepner, Max-Planck-Institut für Eisenforschung, Düsseldorf

Untersuchung der Alterungsneigung von weichen unlegierten Stählen durch Härteprüfung bei Temperaturen bis 300° C

1956. 24 Seiten, 20 Abb., 3 Tabllen. DM 7,95

HEFT 228

Prof. Dr. phil Franz Wever, Dr. phil. Walter Koch und Dr. rer. nat. Bernd Alexander Steinkopf, Max-Planck-Institut für Eisenforschung, Düsseldorf

Spektrochemische Grundlagen der Analyse von Gemischen aus Kohlenmonoxyd, Wasserstoff und Stickstoff

1956. 31 Seiten, 18 Abb., 1 Tabelle. DM 9,90

HEFT 229

Prof. Dr. phil. Franz Wever, Dr. phil Walter Koch und Dr.-Ing. Hanns Malissa, Max-Planck-Institut für Eisenforschung, Düsseldorf

Über die Anwendung disubstituierter Dithiocarbamate der analytischen Chemie

1955. 30 Seiten, 30 Abb., 5 Tabellen. DM 10,50

HEFT 230

Prof. Dr. phil. Franz Wever und Dr. phil. Wolfgang Wepner, Max-Planck-Institut für Eisenforschung, Düsseldorf

Bestimmung kleiner Kohlenstoffgehalte im α-Eisen durch Dämpfungsmessung

1955. 19 Seiten, 5 Abb., 2 Tabellen. DM 7,70

HEFT 234

Dr.-Ing K. G. Speith und Dr.-Ing A. Bungeroth, Duisburg

Versuche zur Steigerung des Kokillen-Schluckvermögens beim Stranggießen von Stahl

1956. 15 Seiten, 5 Abb. DM 6,15

HEFT 244

Prof. Dr. phil. Franz Wever, Dr. phil. Walter Koch und Dr. Siegfried Eckhard, Max-Planck-Institut für Eisenforschung, Düsseldorf

Erfahrungen mit der spektrochemischen Analyse von Gefügebestandteilen des Stahles

1956. 22 Seiten, 8 Abb., 2 Tabellen. DM 7,80

HEFT 263

Prof. Dr. phil. Heinrich Lange und Dipl.-Phys. Rudolf Kohlhaas, Institut für theoretische Physik der Universität Köln

Über die Wärmeleitfähigkeit von Stählen bei hohen Temperaturen: Teil I: Literaturbericht

1956. 37 Seiten, 26 Abb., 8 Tabellen. DM 10,70

HEFT 268

Prof. Dr.-Ing. G. Vogelpohl, VDI, Max-Planck-Institut für Strömungsforschung, Göttingen

Über die Tragfähigkeit von Gleitlagern und ihre Berechnung

1956. 66 Seiten, 24 Abb., 7 Tabellen. DM 16,85

HEFT 283

Prof. Dr.-phil Franz Wever und Dr.-Ing. Werner Lueg, Max-Planck-Institut für Eisenforschung, Düsseldorf

Warmstauchversuche zur Ermittlung der Formänderungsfestigkeit von Gesenkschmiede-Stählen

1956. 31 Seiten, 19 Abb. DM 9,90

HEFT 288

Dr. phil Kurt Brücker-Steinkuhl, Düsseldorf

Anwendung mathematisch-statischer Verfahren in der Industrie

1956. 103 Seiten, 28 Abb., 14 Tabellen. Vergriffen

HEFT 290

Dr. rer. nat. Dietrich Horstmann, Max-Planck-Institut für Eisenforschung, Düsseldorf

I. Der verstärkte Angriff des Zinks auf Eisen im Temperaturgebiet um 500° C

II. Einfluß eines Antimongehaltes auf den Angriff von Zinkschmelzen auf Eisen

1956. 36 Seiten, 33 Abb., 3 Tabellen. DM 11,90

HEFT 291

Dr.-Ing. Hans-Joachim Wiester und Dr. rer. nat. Dietrich Horstmann, Max-Planck-Institut für Eisenforschung, Düsseldorf

Der Angriff eisengesättigter Zinkschmelzen auf silizium- und manganhaltiges Eisen

1956. 40 Seiten, 45 Abb., 8 Tabellen. DM 12,60

HEFT 311

Prof. Dr. phil. Franz Wever und
Dr. phil. nat. Max Hempel, Düsseldorf

Dauerschwingfestigkeit von Stählen bei erhöhten Temperaturen

Teil I: Erkenntnisse aus bisherigen Dauerschwingversuchen in der Wärme

1956. 36 Seiten, 19 Abb., 2 Tabellen. DM 10,90

HEFT 312

Prof. Dr. phil. Franz Wever und
Dr. phil. nat. Max Hempel, Max-Planck-Institut für Eisenforschung, Düsseldorf

Dauerschwingfestigkeit von Stählen bei erhöhten Temperaturen

Teil II: Zug-Druck-Dauerschwingversuche an zwei warmfesten Stählen bei Temperaturen von 500 bis 650° C

1956. 36 Seiten, 20 Abb., 3 Tabellen. DM 13,—

HEFT 313

Prof. Dr. phil. Franz Wever, Dr. phil. Walter Koch und Dipl.-Phys. Helga Rohde, Max-Planck-Institut für Eisenforschung, Düsseldorf

Änderungen des Habitus und der Gitterkonstanten des Zementits in Chromstählen bei verschiedenen Wärmebehandlungen

1956. 76 Seiten, 29 Abb., 8 Tabellen. DM 20,90

HEFT 314

Prof. Dr. phil. Franz Wever,
Dr.-Ing. habil. Alfred Krisch und
Dr.-Ing. Hans-Joachim Wiester, Max-Planck-Institut für Eisenforschung, Düsseldorf

Veränderungen im Gefügeaufbau von Chrom-Nickel-Molybdän-Stählen bei langzeitiger Beanspruchung im Zeitstandversuch bei 500°

1956. 35 Seiten, 26 Abb., 5 Tabellen. DM 11,70

HEFT 315

Prof. Dr. phil. Franz Wever und
Dr.-Ing. habil. Alfred Krisch, Max-Planck-Institut für Eisenforschung, Düsseldorf

Metallkundliche Untersuchungen an Zeitstandproben

1956. 25 Seiten, 12 Abb. DM 9,15

HEFT 336

Dr. phil. Tung-ping Yao, Gießerei-Institut der Rhein.-Westf. Technischen Hochschule Aachen

Die Viskosität metallischer Schmelzen

1956. 53 Seiten, 28 Abb., 2 Tabellen. DM 14,40

HEFT 342

Prof. Dr.-Ing. Helmut Winterhager und
Dipl.-Ing. Wolfgang Barthel, Aachen

Die Gewinnung von Titan-Schlacken-Konzentraten aus eisenreichen Ilmeniten

1956. 47 Seiten, 30 Abb., 6 Tabellen. DM 13,30

HEFT 348

Prof. Dr.-Ing. Eugen Piwowarsky † und
Dr.-Ing. Ernst Günter Nickel, Gießerei-Institut der Rhein.-Westf. Technischen Hochschule Aachen

Metallurgie eines hochwertigen Gußeisens mit kompakter bis kugelförmiger Graphitausbildung

1956. 46 Seiten, 27 Abb., 5 Tabellen. DM 13,30

HEFT 349

Dr.-Ing. Wilhelm-Anton Fischer,
Dr.-Ing. Helmut Treppschuh und
Dr.-Ing. Karl Heinz Köthemann, Max-Planck-Institut für Eisenforschung, Düsseldorf

Tiegel aus Schmelzmagnesia für Vakuuminduktionsöfen

1957. 23 Seiten, 14 Abb. DM 8,40

HEFT 367

Dr. rer. nat. Dietrich Horstmann, Max-Planck-Institut für Eisenforschung, Düsseldorf

Der Angriff eisengesättigter Zinkschmelzen auf kohlenstoff-, schwefel- und phosphorhaltiges Eisen

1957. 42 Seiten, 22 Abb., 6 Tabellen. DM 12,85

HEFT 392

Prof. Dr. phil. Franz Wever,
Dr. phil. Walter Koch, Düsseldorf,
Dr.-Ing. Helmut Knüppel,
Dr. rer. nat. Bernd Alexander Steinkopf,
Dipl.-Ing. Karl Ernst Mayer und
Dipl.-Phys. Gert Wiethoff, Dortmund

Untersuchungen über den Konverterrauch im Hinblick auf die spektrale Überwachung des Thomasprozesses

1957. 36 Seiten, 14 Abb., 4 Tabellen. DM 12,10

HEFT 407

Prof. Dr.-Ing. Dr.-Ing. E. h. Hermann Schenk, Aachen und Dr.-Ing. Werner Wenzel, Bad Godesberg

Entwicklungsarbeiten auf dem Gebiete der Verhüttung von Erzstaub in Schmelzkammern

1957. 71 Seiten, 9 Abb., 18 Tabellen. DM 17,10

HEFT 408

Prof. Dr. phil. Franz Wever, Dr.-Ing. Werner Lueg und Dr.-Ing. Hans Günter Müller, Max-Planck-Institut für Eisenforschung, Düsseldorf

Kraft- und Arbeitsbedarf beim Warmscheren von Stahl in Abhängigkeit von Temperatur und Schnittgeschwindigkeit

1957. 33 Seiten, 15 Abb., 3 Tabellen. DM 11,35

HEFT 409

Prof. Dr. phil. Franz Wever,
Dr. phil. Walter Koch,
Dr. rer. nat. Christa Ilschner-Gensch und
Dipl.-Phys. Helga Rohde, Max-Planck-Institut für Eisenforschung, Düsseldorf

Das Auftreten eines kubischen Nitrids in aluminiumlegierten Stählen

1957. 26 Seiten, 12 Abb., 3 Tabellen. DM 10,10

HEFT 410
Prof. Dr. phil. Franz Wever,
Prof. Dr. rer. techn. Albert Kochendörfer,
Dr. phil. nat. Max Hempel und
Dipl.-Phys. Emil Hillenhagen, Max-Planck-Institut für Eisenforschung, Düsseldorf
Biegewechselversuche mit Flachproben aus Alpha-Eisen-Kristallen zur Bestimmung der Wechselfestigkeit und der Gleitspuren
1957. 100 Seiten, 58 Abb., 3 Tabellen. DM 30,—

HEFT 455
Dr.-Ing. Wilhelm Anton Fischer,
Dr.-Ing. Helmut Treppschuh und
Dipl.-Phys. Karl Heinz Köthemann, Max-Planck-Institut für Eisenforschung, Düsseldorf
Erschmelzung von Reinsteisen nach dem Kohlenstoffproduktionsverfahren und Kerbschlagzähigkeit-Temperatur-Kurven dieses Eisens
1957. 25 Seiten, 7 Abb., 6 Tabellen. DM 9,35

HEFT 456
Privatdozent Dr.-Ing. Karl Bungardt, Krefeld
Zeitstandversuche an austenitischen Stählen und Legierungen
1958. 23 Seiten und Anhang mit Abbildungen und Tafeln z. T. auf Falttafeln. DM 19,85

HEFT 457
Prof. Dr. phil. Franz Wever und
Dr. phil. Wolfgang Wepner, Max-Planck-Institut für Eisenforschung, Düsseldorf
Dämpfungsmessungen an schwach gereckten Eisen-Kohlenstoff-Legierungen
1957. 22 Seiten, 7 Abb., 3 Tabellen. DM 8,40

HEFT 458
Prof.-Ing. Dr.-Ing. E. h. Hermann Schenk und
Dr.-Ing. Eugen Schmidtmann, Aachen,
Dr.-Ing. Hans Kosmider, Dr.-Ing. Herbert Neuhaus und Dr.-Ing. Alfred Krüger, Haspe
Das Frischen von Thomas-Roheisen mit Sauerstoff-Wasserdampf-Gemischen und die Eigenschaften der damit erblasenen Stähle
1957. 50 Seiten, 56 Abb. DM 16,35

HEFT 459
Prof. Dr. phil. Franz Wever,
Dr. phil. Otto Krisement und Hanna Schädler, Max-Planck-Institut für Eisenforschung, Düsseldorf
Ein isothermes Mikrokalorimeter zur kinetischen Messung von Umwandlungs- und Ausscheidungsvorgängen in Legierungen
1957. 31 Seiten, 14 Abb. DM 10,75

HEFT 460
Prof. Dr. phil. Franz Wever und
Dr. rer. nat. Bernhard Ilschner, Max-Planck-Institut für Eisenforschung, Düsseldorf
Ein isothermes Lösungskalorimeter zur Bestimmung thermo-dynamischer Zustandsgrößen von Legierungen
1957. 31 Seiten, 7 Abb., 4 Tabellen. DM 10,40

HEFT 461
Prof. Dr.-Ing. habil. Eugen Piwowarsky †,
Prof. Dr.-Ing. Wilhelm Patterson und
Dipl.-Ing. Friedrich Wilhelm Iske, Gießerei-Institut der Rhein.-Westf. Technischen Hochschule Aachen
Verbesserung der Zähigkeitseigenschaften von Bessemer-Stahlguß
1957. 41 Seiten, 15 Abb., 16 Tabellen. DM 12,75

HEFT 492
Prof. Dr. phil. Josef Meixner und
Dr. rer. nat. Bruno Manz, Institut für theoretische Physik der Rhein.-Westf. Technischen Hochschule Aachen
Zur Theorie der irreversiblen Prozesse in α-Eisen
1958. 10 Seiten, 1 Abb. DM 5,70

HEFT 519
Prof. Dr. phil. Franz Wever,
Dr. phil. Walter Koch und
Dr. phil. Siegfried Eckhard, Max-Planck-Institut für Eisenforschung, Düsseldorf
Die spektrographische Bestimmung der Spurenelemente in Stahl ohne vorherige Abbrennung
1958. 36 Seiten, 22 Abb. DM 12,60

HEFT 542
Dr. phil. nat. Gerhard Zapf, Schwelm
Entwicklung eines Verfahrens zur Herstellung von Formteilen aus Sintermessing
1958. 43 Seiten, 23 Abb., 7 Tabellen. DM 15,15

HEFT 552
Dr.-Ing. Gerhard Leiber und
Dipl.-Ing. Dieter Schauwinhold, Duisburg-Hamborn
Versuche zur Erzeugung halbberuhigten Stahles
1958. 28 Seiten, 23 Abb., 6 Tabellen. DM 11,30

HEFT 562
Prof. Dr.-Ing. Dr.-Ing. E. h. Hermann Schenck,
Prof. Dr. phil. habil. Norbert G. Schmahl und
Dr.-Ing. Götz Funke, Institut für Eisenhüttenwesen der Rhein.-Westf. Technischen Hochschule Aachen
Die Reduzierbarkeit von Eisenerzen
1958. 101 Seiten, 89 Abb., 10 Tabellen. DM 29,25

HEFT 573
Prof. Dr. phil. Franz Wever,
Dr. rer. nat. Werner Jellinghaus und
Dr.-Ing. Toshimori Shuin, Max-Planck-Institut für Eisenforschung, Düsseldorf
Gemischt-keramische Sinterwerkstoffe aus Aluminiumoxyd und Eisen oder Eisenlegierungen
1958. 76 Seiten, 39 Abb., 17 Tabellen. DM 22,65

HEFT 586
Dr.-Ing. Wilhelm Anton Fischer und
Dr. rer. nat. Alfred Hoffmann, Max-Planck-Institut für Eisenforschung, Düsseldorf
Verhalten von Eisen- und Stahlschmelzen im Hochvakuum
1958. 41 Seiten, 10 Abb., 13 Tabellen. DM 14,50

HEFT 597

Prof. Dr. phil. Franz Wever, Dr. phil. Wilhelm Wink und Dr. rer. nat. Werner Jellinghaus, Max-Planck-Institut für Eisenforschung, Düsseldorf

Suszeptibilitätsmessungen an hochwarmfesten Legierungen auf Nickel-Chrom- und Kobalt-Nickel-Chrom-Grundlage

1958. 34 Seiten, 10 Abb., 5 Tabellen. DM 12,—

HEFT 599

Prof. Dr. phil. Walter Koch und Dipl.-Phys. Dr. phil. Heinz Sundermann, Max-Planck-Institut für Eisenforschung, Düsseldorf

Elektrochemische Grundlagen der Isolierung von Gefügebestandteilen in metallischen Werkstoffen

1958. 50 Seiten, 26 Abb., 2 Tabellen. DM 17,60

HEFT 600

Prof. Dr. phil. Walter Koch, Dr. phil. Siegfried Eckhard und Dr. rer. nat. Friedrich Stricker, Max-Planck-Institut für Eisenforschung, Düsseldorf

Die lichtelektrische Spektralanalyse der Gase im Stahl

1958. 53 Seiten, 27 Abb., 9 Tabellen. DM 15,10

HEFT 620

Dr. rer. nat. Dietrich Horstmann, Max-Planck-Institut für Eisenforschung und Gemeinschaftsausschuß Verzinken, Düsseldorf

Der Einfluß von Aluminium im Eisen- und im Zinkbad auf den Zinkangriff

1958. 29 Seiten, 17 Abb., 3 Tabellen. DM 9,40

HEFT 628

Dipl.-Ing. Walter Panknin und Dipl.-Ing. Wolfgang Möhrlin, Verein Deutscher Ingenieure ADB, Düsseldorf

Die Ermittlung der Fließkurven von Schraubenwerkstoffen *1958. 20 Seiten, 8 Abb. DM 6,40*

HEFT 630

Prof. Dr. phil. Walter Koch und Dr. techn. Dipl.-Ing. Hanns Malissa, Max-Planck-Institut für Eisenforschung, Düsseldorf

Beiträge zur Spurenanalyse im Reinsteisen

1958. 25 Seiten, 8 Tabellen. DM 7,60

HEFT 644

Prof. Dr.-Ing. Franz Bollenrath, Institut für Werkstoffkunde an der Rhein.-Westf. Technischen Hochschule Aachen

Untersuchung einiger mechanischer Eigenschaften von Sinteraluminium S. A. P. und S. A. P.-Avional

1958. 24 Seiten, 26 Abb. DM 8,10

HEFT 697

Prof. Dr.-Ing. Theodor Gast, Dr.-Ing. Karl-Max Frhr. v. Meysenburg und Prof. Dr.-Ing. Otto Krischer, Technische Hochschule Darmstadt

Untersuchung über die Erwärmungsvorgänge bei der Verarbeitung härtbarer und thermoplastischer Kunststoffe

1959. 91 Seiten, 34 Abb., 4 Tabellen. DM 16,90

HEFT 706

Prof. Dr.-Ing. Dr.-Ing. E. h. Hermann Schenck und Dr.-Ing. Hans Esch, Institut für Eisenhüttenwesen der Rhein.-Westf. Technischen Hochschule Aachen

Zur Untersuchung der Hochofenvorgänge

1959. 32 Seiten, 23 Abb. DM 9,90

HEFT 737

Prof. Dr.-Ing. habil. Karl Krekeler, Dr.-Ing. Heinz Peukert und Dipl.-Ing. Josef Eilers, Institut für Kunststoffverarbeitung an der Rhein.-Westf. Technischen Hochschule Aachen

Festigkeitsuntersuchungen an Rohren aus Thermoplasten

1959. 66 Seiten, 84 Abb. DM 19,40

HEFT 748

Prof. Dr. phil. nat. habil. Hans-Ernst Schwiete, Dr.-Ing. Harald Knoblauch und Dr. rer. nat. Günther Ziegler, Institut für Gesteinshüttenkunde der Rhein.-Westf. Technischen Hochschule Aachen

Die Hydratation der Verbindungen 3 CaO · SiO_2 und ß-2 CaO · SiO_2

1959. 56 Seiten, 22 Abb., 14 Tabellen. DM 15,70

HEFT 780

Prof. Dr. phil. Franz Wever, Dr.-Ing. Werner Lueg und Dr.-Ing. Paul Funke, Max-Planck-Institut für Eisenforschung, Düsseldorf

Untersuchung von Walzöl und Walzölemulsionen im Kaltwalzversuch

1959. 68 Seiten, 28 Abb., mehr. Tabellen. DM 18,50

HEFT 788

Prof. Dr.-Ing. Herwart Opitz, Laboratorium für Werkzeugmaschinen und Betriebslehre an der Rhein.-Westf. Technischen Hochschule Aachen

Der Einsatz radioaktiver Isotope bei Zerspanungsuntersuchungen

1959. 35 Seiten, 23 Abb. DM 11,30

HEFT 797

Prof. Dr. phil. Heinrich Lange und Dr. rer. nat. Rudolf Kohlhaas, Institut für theoretische Physik der Universität Köln

Über die wahre spezifische Wärme von Eisen, Nickel und Chrom bei hohen Temperaturen

Neue Verfahren zur Messung der wahren spezifischen Wärme von Metallen bei hohen Temperaturen

1960. 115 Seiten, 38 Abb., 24 Tabellen. DM 31,20

HEFT 798

Dr. rer. nat. Karl Wassmann, Mönchengladbach

Einfluß der Schutzgasatmosphäre auf die Eigenschaften von Sinterstahl

1959. 94 Seiten, 65 Abb., 19 Tabellen. DM 27,—

HEFT 799

Dipl.-Ing. Helmut Weiss, Frankfurt a. M.

Aufkohlung und Härtung von Sintereisen-Werkstoffen

1960. 61 Seiten, 56 Abb., 2 Tabellen. DM 18,80

HEFT 800
Dipl.-Ing. Otto Schindler, Lehrstuhl für Stahlbau, Technische Hochschule Hannover
Untersuchungen an geschweißten Hüttenkranen
Ein Beitrag zur Berechnung dünnwandiger Hohlkästen
1959. 46 Seiten, 14 Abb., 2 Tabellen. DM 13,20

HEFT 801
Baurat Dipl.-Ing. Waldemar Gesell, Staatliche Ingenieurschule für Maschinenwesen, Duisburg
Ersatz von Quarzsand als Strahlmittel
1960. 66 Seiten, 12 Abb., 4 Tabellen. 17 Diagramme. DM 18,90

HEFT 833
Prof. Dr.-Ing. Helmut Winterhager und Dr.-Ing. Dan Hubert Hermes, Institut für Metallhüttenwesen und Elektrometallurgie der Rhein.-Westf. Technischen Hochschule Aachen
Anodennebenreaktionen bei der Silberraffinationselektrolyse
1960. 55 Seiten, 21 Abb., 10 Tabellen. DM 15,60

HEFT 834
Prof. Dr.-Ing. Helmut Winterhager und Dr.-Ing. Klaus Reiprich, Institut für Metallhüttenwesen und Elektrometallurgie der Rhein.-Westf. Technischen Hochschule Aachen
Studie über den Glänzabbau des Reinstaluminiums in Flußsäure enthaltenden chemischen Glänzbädern
1960. 92 Seiten, 88 Abb., 7 Tabellen. DM 27,30

HEFT 840
Prof. Dr. phil. Franz Wever, Dr.-Ing. Hans-Günter Müller und Dr.-Ing. Paul Funke, Max-Planck-Institut für Eisenforschung, Düsseldorf
Versuchsmäßige und rechnerische Bestimmung von Walzkraft und Drehmoment unter Einwirkung von Bandzugspannungen beim Kaltwalzen von Bandstahl
1960. 36 Seiten, 12 Abb., 3 Tafeln. DM 10,90

HEFT 841
Dr. rer. nat. Hubert Blanck, Max-Planck-Institut für Eisenforschung, Düsseldorf
Untersuchungen zur Kinetik des Martensitzerfalls
1960. 33 Seiten, 11 Abb., 2 Tabellen. DM 10,30

HEFT 849
Direktor Ludwig Martin, Wuppertal-Elberfeld und Friedrich Steiner, Ratingen
Weiterentwicklung von Friktionswerkstoffen
1960. 66 Seiten, 70 Abb., 3 Tabellen. DM 20,50

HEFT 939
Prof. Dr.-Ing. habil. Wilhelm Petersen und Dipl.-Ing. Hans Mingenbach, Dozentur für Brikettierung der Rhein.-Westf. Technischen Hochschule Aachen
Untersuchungen über die Herstellung von Erzbriketts
1961. 83 Seiten, 67 Abb., 2 Tabellen. DM 25,60

HEFT 957
Prof. Dr.-Ing. Dr.-Ing. E. h. Hermann Schenck, Prof. Dr.-Ing. Eugen Schmidtmann und Dr.-Ing. Helmut Brandis, Institut für Eisenhüttenwesen der Rhein.-Westf. Technischen Hochschule Aachen
Mechanische und physikalische Prüfverfahren zur Ermittlung der Vorgänge bei der Abschreck- und Verformungsalterung
1961. 47 Seiten, 34 Abb. DM 14,90

HEFT 958
Prof. Dr.-Ing. Dr.-Ing. E. h. Hermann Schenck, Prof. Dr.-Ing. Eugen Schmidtmann und Dr.-Ing. Heinz Müller, Institut für Eisenhüttenwesen der Rhein.-Westf. Technischen Hochschule Aachen
Untersuchungen zur Isolierung von Einschlüssen und Korngrenzensubstanzen in Eisenwerkstoffen nach dem Dünnschliffverfahren. Innere Oxydation von Eisenlegierungen
1961. 50 Seiten, 33 Abb., 2 Tabellen. DM 15,90

HEFT 961
Prof. Dr.-Ing. Wilhelm Patterson und Dr.-Ing. Dietmar Boenisch, Gießerei-Institut der Rhein.-Westf. Technischen Hochschule Aachen
Eigenschaften und Eigenschaftsänderungen der Tonmineralien in Formsanden
1961. 33 Seiten, 16 Abb. DM 10,90

HEFT 962
Prof. Dr.-Ing. Wilhelm Patterson und Dr.-Ing. Philipp Schneider, Gießerei-Institut der Rhein.-Westf. Technischen Hochschule Aachen
Untersuchungen über die Oberflächenfeingestalt von Gußstücken
1961. 69 Seiten, 52 Abb., 1 Bildtafel. DM 20,80

HEFT 963
Prof. Dr.-Ing. Wilhelm Patterson und Dr.-Ing. Wilhelm Weskamp, Gießerei-Institut der Rhein.-Westf. Technischen Hochschule Aachen
Versuche zur Steigerung der Temperatur in der Schmelzzone des Kupolofens und zur Erzielung eines optimalen thermischen Wirkungsgrades durch Verwendung von HC-Koks in unterschiedlicher Stückgröße
1961. 87 Seiten, 29 Abb., 30 Tabellen. DM 28,30

HEFT 964
Prof. Dr.-Ing. Wilhelm Patterson und Dr.-Ing. Friedrich Iske, Gießerei-Institut der Rhein.-Westf. Technischen Hochschule Aachen
Zusammenhang zwischen den mechanischen Eigenschaften im Gußstück und im getrennt gegossenen Probestab
1961. 82 Seiten, 53 Abb., 13 Tabellen. DM 23,80

HEFT 968
Prof. Dr.-Ing. habil. Anton Königer †, Institut für Gießereikunde der Technischen Universität Berlin
Zur Kenntnis der Passivierbarkeit und Korrosionsbeständigkeit technischer Eisensorten
1961. 25 Seiten, 7 Abb., 8 Tabellen. DM 8,90

HEFT 969
Prof. Dr. phil. Erich Scheil, Düsseldorf
Über den Zustand von Metallschmelzen
1961. 37 Seiten, 23 Abb., 2 Tabellen. DM 11,90

HEFT 970
Prof. Dr.-Ing. Anton Königer † und
Dipl.-Ing. Günther Kuhl, Institut für Gießereikunde der Technischen Universität Berlin
Der Einfluß verschiedener Begleit- und Legierungselemente auf das Viskositätsverhalten von Gußeisenschmelzen
1961. 26 Seiten, 14 Abb., 6 Tabellen. DM 8,60

HEFT 1016
Dr. rer. nat. W. Jellinghaus, Max-Planck-Institut für Eisenforschung, Düsseldorf
Sinterwerkstoffe aus Nickel oder Nickelaluminid mit Aluminiumoxyd
1961. 33 Seiten, 22 Abb., 6 Tabellen. DM 13,50

HEFT 1057
Prof. Dr.-Ing. Dr.-Ing. E. h. Hermann Schenck, Dr.-Ing. Werner Wenzel und
Dr.-Ing. Hanns-Dieter Butzmann, Institut für Eisenhüttenwesen der Rhein.-Westf. Technischen Hochschule Aachen
Die Reduktion von Eisenerzen im heterogenen Wirbelbett
1961. 87 Seiten, 32 Abb., 5 Tabellen. DM 28,20

HEFT 1067
Prof. Dr.-Ing. Dr.-Ing. E. h. Hermann Schenck und Dr.-Ing. Klaus-Dieter Unger, Institut für Eisenhüttenwesen der Rhein.-Westf. Technischen Hochschule Aachen
Versuche zur Bestimmung von Verunreinigungen in Metallen; insbesondere von Oxyden und Oxydverbindungen in technischen Stählen
1962. 34 Seiten, 10 Abb., 3 Tabellen. DM 13,40

HEFT 1068
Prof. Dr.-Ing. Dr.-Ing. E. h. Hermann Schenck, Dr.-Ing. Werner Wenzel, Dr.-Ing. Günter Lindelar, Prof. Dr.-Ing. Rudolf Spolders und
Dr.-Ing. Hilmar Weidenmüller, Institut für Eisenhüttenwesen der Rhein.-Westf. Technischen Hochschule Aachen
Der Einfluß des Schwefels und der Kohlenoxydspaltung auf den Hochofenprozeß
1962. 222 Seiten, 99 Abb., 51 Tabellen. DM 49,50

HEFT 1083
Prof. Dr.-Ing. Franz Bollenrath und
Ahmed Ali Salem El-Sabbagh, Institut für Werkstoffkunde der Rhein.-Westf. Technischen Hochschule Aachen
Untersuchungen über die Warmfestigkeit von Hartlötverbindungen
1963. 80 Seiten, 88 Abb., 7 Tabellen. DM 59,40

HEFT 1092
Prof. Dr.-Ing. habil. Anton Königer † und
Dr.-Ing. Manfred Odendahl, Institut für Gießereikunde der Technischen Universität Berlin
Der Einfluß von Oxyden auf die Viskosität von reinen Eisen-Kohlenstoff-Silizium-Legierungen
1962. 23 Seiten, 9 Abb. DM 10,40

HEFT 1093
Dr.-Ing. Wolf Dieter Röpke und
Dr.-Ing. Abbas Sabé, Institut für Gießereikunde der Technischen Universität Berlin
Das Fließvermögen und die Warmrißneigung von Stahl mit besonderer Berücksichtigung des Einflusses von hohen Molybdängehalten
1962. 37 Seiten, 21 Abb., 4 Tabellen. DM 17,—

HEFT 1094
Prof. Dr.-Ing. habil. Anton Königer † und
Prof. Dr. phil. Emanuel Pfeil, Institut für Gießereikunde der Technischen Universität Berlin
Versuche zur Entwicklung von Korrosions-Prüfmethoden
1962. 23 Seiten, 7 Abb., 3 Tabellen. DM 10,80

HEFT 1113
Dr. rer. nat. Wolfgang Pitsch, Max-Planck-Institut für Eisenforschung, Düsseldorf
Die kristallographischen Eigenschaften der Nitridausscheidungen im α-Eisen
1962. 21 Seiten, 8 Abb., 3 Tabellen. DM 11,—

HEFT 1114
Dipl.-Chem. Dr. phil. Siegfried Eckhard und
Dipl.-Phys. Walter Baum, Max-Planck-Institut für Eisenforschung, Düsseldorf
Über ein physikalisches Verfahren zur Bestimmung des Wasserstoffs im ternären Gemisch mit Stickstoff und Kohlenmonoxyd
1962. 63 Seiten, 31 Abb. DM 39,80

HEFT 1122
Prof. Dr.-Ing. Dr.-Ing. E. h. Hermann Schenck, Dozent Dr.-Ing. Werner Wenzel und
Dr.-Ing. Günther Dietrich, Institut für Eisenhüttenwesen der Rhein.-Westf. Technischen Hochschule Aachen
Reaktionskinetische Betrachtung des Sintervorganges und Möglichkeiten zur Leistungssteigerung. Entwicklung eines Schachtsinterverfahrens
1962. 93 Seiten, 24 Abb., 5 Tabellen. DM 44,50

HEFT 1158
Dr.-Ing. habil. Alfred Krisch, Max-Planck-Institut für Eisenforschung, Düsseldorf
Über die Extrapolation von Zeitstandversuchen
1963. 31 Seiten, 13 Abb., 2 Tabellen. DM 17,50

HEFT 1190
Prof. Dr.-Ing. Max Vater und Dipl.-Ing. Otto Schulte, Institut für Bildsame Formgebung der Rhein.-Westf. Technischen Hochschule Aachen
Die Formänderungsfestigkeit von Metallen
In Vorbereitung

HEFT 1191
Prof. Dr.-Ing. habil. Anton Königer †,
Dr.-Ing. Manfred Odendahl und Eberhard Pahl, Institut für Gießereikunde der Technischen Universität Berlin
Über die Bildsamkeit von tongebundenen Formsanden
1963. 33 Seiten, 21 Abb., 4 Tabellen. DM 18,—

HEFT 1192

Prof. Dr.-Ing. habil. Anton Königer † und Dr.-Ing. Peter R. Sahm, Institut für Gießereikunde der Technischen Universität Berlin

Das Fließvermögen reiner und sauerstoffhaltiger Kupferschmelzen

1963. 47 Seiten, 38 Abb. 3 Tabellen. DM 31,80

HEFT 1193

Prof. Dr.-Ing. Helmut Winterhager und Dr.-Ing. Reinhard K. Buchner, Institut für Metallhüttenwesen und Elektrometallurgie der Rhein.-Westf. Technischen Hochschule Aachen

Beitrag zum experimentellen Problem der Messung schneller Elektrodenvorgänge

1963. 40 Seiten, 14 Abb. DM 17,—

HEFT 1194

Dr. rer. nat. Werner Jellinghaus, Max-Planck-Institut für Eisenforschung, Düsseldorf

Beiträge zur Konstitution metallischer Stoffe durch Suszeptibilitätsmessungen

1963. 25 Seiten, 8 Abb., 3 Tabellen. DM 14,—

HEFT 1253

Dipl.-Ing. Alfred Puck, Dipl.-Ing. Horst Wurtinger, Deutsches Kunststoffinstitut, Darmstadt

Werkstoffgemäße Dimensionierungs-Größen für den Entwurf von Bauteilen aus kunstharzgebundenen Glasfasern

Teil I und II

1963. 149 Seiten, 73 Abb., 8 Tabellen. DM 76,—

HEFT 1305

Dr. phil. Hermann Möller und Dipl.-Phys. Helmut Weeber, Max-Planck-Institut für Eisenforschung, Düsseldorf

Die Bildgüte bei der Durchstrahlung von Werkstoffen mit Röntgen- oder Gammastrahlen von 0,1 bis 31 MeV

1963. 69 Seiten, 40 Abb., 2 Tabellen. DM 32,90

HEFT 1344

Prof. Dr.-Ing. Dr.-Ing. E. h. Hermann Schenck, Dozent Dr.-Ing. Werner Wenzel, Dr.-Ing. Hans D. Kluger, Institut für Eisenhüttenwesen der Rhein.-Westf. Technischen Hochschule Aachen

Über das Reduktionsverhalten eisenoxydhaltiger Schlacken

1964. 91 Seiten, 60 Abb., 6 Tabellen im Anhang. DM 44,—

HEFT 1355

Dr.-Ing. habil. Alfred Krisch, Max-Planck-Institut für Eisenforschung, Düsseldorf

Kriechverhalten, Gefügeänderung und Risse bei mehrjährigen Zeitstandversuchen

1964. 27 Seiten, 17 Abb., 6 Tabellen. DM 14,80

HEFT 1379

Dr. phil. nat. Max Hempel, Max-Planck-Institut für Eisenforschung, Düsseldorf

Dauerschwingfestigkeit bei 20 und 500° C von Stählen mit niedrigem Kohlenstoffgehalt und verschiedenen Titan-Zusätzen

1964. 58 Seiten, 27 Abb., 12 Tabellen. DM 34,—

HEFT 1384

Dr. rer. nat. Hans-Jürgen Engell, Dr. rer. nat. Anton Bäumel und Dr. rer. nat. Konrad Bohnenkamp, Max-Planck-Institut für Eisenforschung, Düsseldorf

Die Spannungsrißkorrosion von Weicheisen in Kalzium-Nitratlösungen

1964. 46 Seiten, 27 Abb., 2 Tabellen. DM 25,50

HEFT 1385

Prof. Dr.-Ing. Helmut Winterhager und Dr.-Ing. Roland Kammel, Institut für Metallhüttenwesen und Elektrometallurgie der Rhein.-Westf. Technischen Hochschule Aachen

Über die elektrochemischen Grundlagen der Zinkchlorid-Schmelzflußelektrolyse

1964. 52 Seiten, 22 Abb., 24 Tabellen. DM 25,50

HEFT 1387

Dipl.-Chem. Wolfgang Werner, im Auftrage der Deutschen Industrie-Werke Aktiengesellschaft, Berlin-Spandau

Verbesserung der Eigenschaften von Sinterteilen durch Nachbehandlung (Oberflächenveredelung, Korrosionsschutz)

HEFT 1391

Dipl.-Phys. Dr. rer. nat. Ernst Wachtel und Dipl.-Phys. Erich Übelacker, Max-Planck-Institut für Metallforschung, Stuttgart, im Auftrage des Vereins Deutscher Gießereifachleute, Düsseldorf

Messung der Dichte und der magnetischen Suszeptibilität von Zinn-Zink-Legierungen

1964. 42 Seiten, 23 Abb., 4 Tabellen. DM 23,50

HEFT 1398

Prof. Dr.-Ing. Eberhard Schürmann und Dr.-Ing. Horst-Carsten Groth, Institut für Gießereiwesen der Bergakademie Clausthal, im Auftrage des Vereins Deutscher Gießereifachleute, Düsseldorf

Schmelzgleichgewichte im System Eisen-Schwefel-Kohlenstoff-Phosphor und Silizium bei 1400° C

1964. 31 Seiten, 6 Abb., 6 Tabellen. DM 15,50

HEFT 1403

Dr. phil. nat. Gerhard Zapf, Dipl.-Ing. Ulrich Völker und Ing. Rudolf Reinstadtler, im Auftrage der Forschungsgemeinschaft Pulvermetallurgie, Schwelm

Entwicklung von Fertigungsmethoden zur Erzeugung hochfester Sinterteile, Teil I und II

In Vorbereitung

HEFT 1414

Prof. Dr. phil. Walter Koch, Dipl.-Phys. Helga Kolbe-Rohde und Dr. rer. nat. Jürgen Dittmann, Max-Planck-Institut für Eisenhüttenwesen der Rhein.-Westf. Technischen Hochschule Aachen

Untersuchungen zur Kinetik der Karbidbildung in Chromstählen

1964. 21 Seiten, 6 Abb., 4 Tabellen. DM 12,—

HEFT 1415

Prof. Dr.-Ing. Dr.-Ing. E. h. Hermann Schenck, Dozent Dr.-Ing. Werner Wenzel und Dr.-Ing. Trimbak Herwadkar, Institut für Eisenhüttenwesen der Rhein.-Westf. Technischen Hochschule Aachen

Stückigmachung von Feinerz auf dem Wanderrost in Gemischen mit Feinkohle

HEFT 1416

Prof. Dr.-Ing. Dr. h. c. Herwart Opitz und Dipl.-Ing. H. H. Bech, Laboratorium für Werkzeugmaschinen und Betriebslehre der Rhein.-Westf. Technischen Hochschule Aachen, im Auftrage des Vereins Deutscher Gießereifachleute, Düsseldorf

Bearbeitung von Leichtmetallen

HEFT 1419

Prof. Dr. phil. Adolf Rose, Dr.-Ing. Hans Paul Hougardy und Dr.-Ing. Albert Klein, Max-Planck-Institut für Eisenforschung, Düsseldorf

Der Einfluß der Unterkühlung auf die Kristallisationsformen von voreutektoidisch ausgeschiedenen Phasen und von eutektoidischen Phasengemengen

HEFT 1420

Prof. Dr. phil. Erich Scheil† und Dr. rer. nat. Hans Leo Lukas, im Auftrage des Vereins Deutscher Gießereifachleute, Düsseldorf

Messung des Dampfdruckes von magnesiumhaltigen Gußeisenschmelzen

1964. 19 Seiten, 8 Abb. DM 12,—

HEFT 1428

Prof. Dr.-Ing. Max Vater, Dipl.-Ing. Gerhard Nebe und Dipl.-Ing. Ansgar Schütze, Institut für Bildsame Formgebung der Rhein.-Westf. Technischen Hochschule Aachen

Mechanische Entzunderung von Blechen und Bändern *In Vorbereitung*

HEFT 1447

Dr. phil. Wolfgang Wepner, Max Planck-Institut für Eisenforschung, Düsseldorf

Restwiderstandsmessungen an reinem Eisen

1964. 23 Seiten, 5 Abb., 2 Tabellen. DM 12,50

HEFT 1448

Dr. rer. nat. Ralf Damm und Dr. rer. nat. Ernst Wachtel, Max-Planck-Institut für Metallforschung, Stuttgart, im Auftrage des Vereins Deutscher Gießereifachleute, Düsseldorf

Magnetische Messungen und kinetische Versuche an flüssigen Wismut-Mangan-Legierungen

In Vorbereitung

HEFT 1474

Prof. Dr.-Ing. Max Vater, Dipl.-Ing. Gerhard Nebe und Dipl.-Ing. Ansgar Schütze, Institut für Bildsame Formgebung der Rhein.-Westf. Technischen Hochschule Aachen

Beitrag zur mechanischen Entzunderung von Draht

In Vorbereitung

HEFT 1482

Prof. Dr. Th. Heumann und R. Schürmann, Institut für Metallforschung der Universität Münster

Über die Beeinflussung der Passivierbarkeit aktiver Metalle durch Zulegieren von Chrom und Nickel

In Vorbereitung

HEFT 1487

Dr.-Ing. Werner Schwenzfeier und Dr.-Ing. Oskar Pawelski, Max-Planck-Institut für Eisenforschung, Düsseldorf

Glühversuche an Stahldrähten in verschiedenen Ofenatmosphären

In Vorbereitung

HEFT 1491

Prof. Dr.-Ing. Wilhelm Patterson, Prof. Dr.-Ing. Herwart Opitz und Dr.-Ing. Peter Copetti, Gießerei-Institut der Rhein.-Westf. Technischen Hochschule Aachen und Laboratorium für Werkzeugmaschinen und Betriebslehre der Rhein.-Westf. Technischen Hochschule Aachen

Zerspanbarkeit von Grauguß

In Vorbereitung

HEFT 1492

Dr. phil. nat. Max Hempel und Dr. rer. nat. Emil Hillnhagen, Max-Planck-Institut für Eisenforschung, Düsseldorf

Einfluß der Erschmelzungsart auf die Dauerschwingfestigkeit ungekerbter und gekerbter Proben eines Wälzlagerstahles

In Vorbereitung

HEFT 1495

Prof. Dr.-Ing. Wilhelm Patterson, Dr.-Ing. Helmut Brand und Dipl.-Ing. H. Traßl, Gießerei-Institut der Rhein.-Westf. Technischen Hochschule Aachen

Das Viskositätsverhalten flüssiger Bleilegierungen im Konzentrationsbereich der festen Löslichkeit

In Vorbereitung

HEFT 1496

Prof. Dr. phil. Karl Löhberg und Dipl.-Ing. Günther Kühl, Institut für Gießereikunde der Technischen Universität Berlin, im Auftrage des Vereins Deutscher Gießereifachleute, Düsseldorf

Einfluß von Magnesium und Cer auf die Viskosität behandelter Gußeisenschmelzen sowie Abbrand des Magnesiums und Änderung des Sauerstoffgehaltes in Abhängigkeit von der Abstehzeit

In Vorbereitung

HEFT 1502
Prof. Dr.-Ing. Wilhelm Patterson, Dr.-Ing. Walter Koppe und Dr.-Ing. Siegfried Engler, Gießerei-Institut der Rhein.-Westf. Technischen Hochschule Aachen
Untersuchungen zur Erstarrung und Speisung von Gußeisen
In Vorbereitung

HEFT 1503
Prof. Dr.-Ing. Max Vater Dipl.-Ing. Gerhard Nebe und Dipl.-Ing. Ansgar Schütze, Institut für Bildsame Formgebung, Aachen
Beitrag zur Prüfung metallischer Strahlmittel
In Vorbereitung

WESTDEUTSCHER VERLAG · KÖLN UND OPLADEN
567 Opladen/Rhld., Ophovener Straße 1–3

Made in the USA
Las Vegas, NV
13 November 2024

11571070R00059